出處／NASA

▶ 木星及其衛星加尼米德（木衛三）。加尼米德是太陽系最大的衛星。

出處／日本國立天文臺

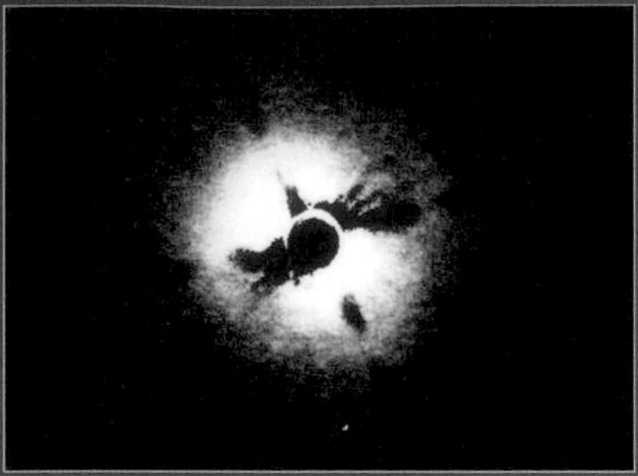

◀ 質量只有太陽十分之一的金牛座 FN 星周圍形成的圓盤。科學家認為這個圓盤正在逐漸形成金牛座 FN 星的行星。

星系的位置

星球並非均勻四散於整個宇宙，多數星球均是聚集在一處，形成星系。有些地方集結了許多星系，有些地方則否，整個分布構成了一個大尺度結構。

出處／NASA

▲ 圖中兩個疑似相撞的星系，事實上只是從地球上看起來重疊了而已。兩個星系正往遠處移動，因此實際上沒有撞在一起。

出處／日本國立天文臺

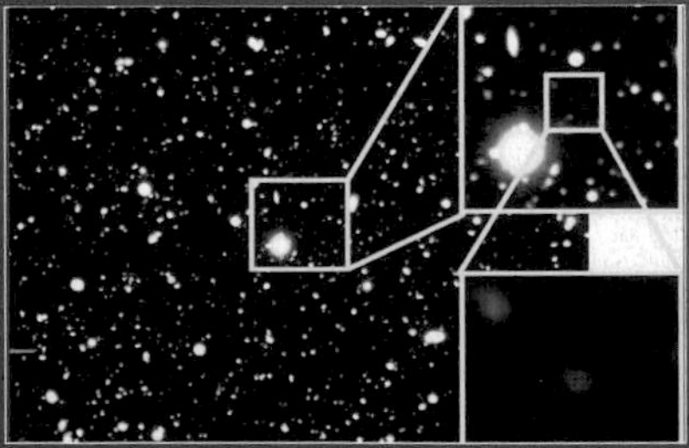

▲ 距離地球約 129 億光年遠的星系（放大中央明亮天體的右上方可看見的紅色天體）。

神祕物質：暗物質

創造星系與大尺度結構的因子，就是眼睛看不見的神祕物質「暗物質」。事實上，這個宇宙裡大約只有5%的物質像恆星一樣能夠被人類眼睛看見。剩下的95%目前還不知道真面目。

出處／NASA

◀巨型星系團的氣體成分（粉紅色部分）與暗物質（藍色部分）。氣體成分與暗物質通常混雜在一起，不過照片中的兩者卻分開來且位於不同位置，這是因為有個大型星系團迎面撞擊過來所導致。氣體成分停留在照片正中央，相反的，暗物質則沒有受到任何影響，直接穿過。

日本的宇宙開發

日本最具代表性的宇宙開發活動，就是發射了許多人造衛星及探測器，其中還包括了學生與民間企業發射的低性能小型衛星在內，而這也成了其特色。

出處／靜岡大學能見研究室

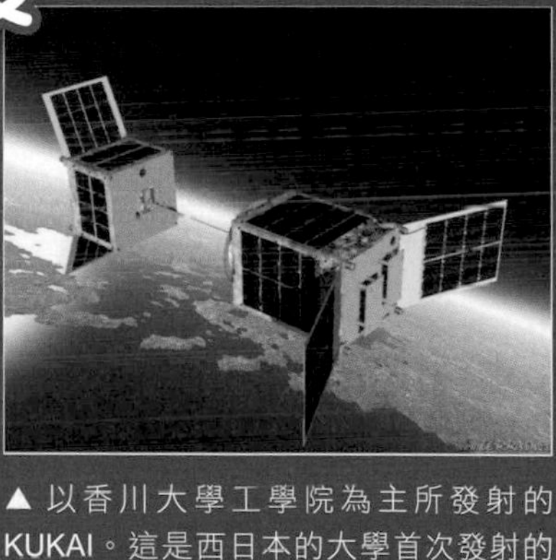

▲以香川大學工學院為主所發射的KUKAI。這是西日本的大學首次發射的衛星。

出處／東京大學中須賀研究室

◀東京大學學生打造的小型衛星prism，重量8公斤。

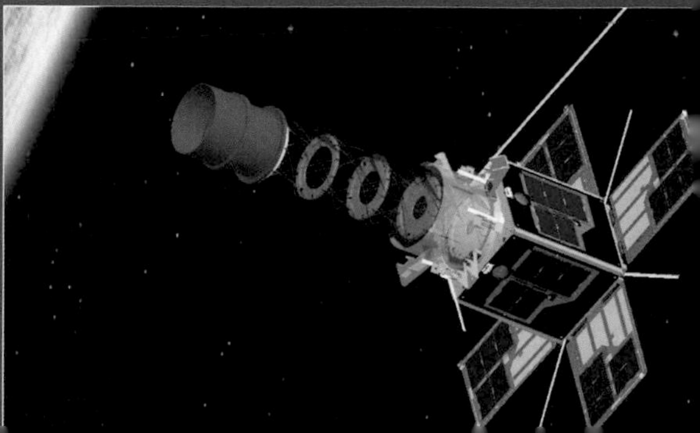

▶prism 在太空中伸出原本縮起的望遠鏡。在展開前，prism 原本只是一個邊長約 20 公分的箱子。

哆啦A夢科學任意門

DORAEMON SCIENCE WORLD

穿越宇宙時光機

哆啦A夢科學任意門

穿越宇宙時光機

目錄

關於這本書

哇！好漂亮啊！但這是什麼星呢？
武仙座球狀星團M13。這是銀河系中最古老的星星喔！

這本書的目的是希望各位能夠一邊愉快的閱讀哆啦A夢漫畫，一邊學習最先進的科學新知。

漫畫中提到的科學主題，後面均搭配深入的剖析與說明。其中或許包括了艱澀的內容，不過筆者希望能夠盡量以簡單明瞭的方式寫下關於宇宙現行已知的知識，以及目前尚未解開的謎。

自古以來，甚至直到現在，宇宙仍然是充滿謎團的空間。宇宙的範圍廣大到難以想像，現在無論使用任何方法，仍然有許多肉眼看不見的地方存在於宇宙深處。

不過因為觀測技術的進步，與宇宙有關的事實近年來已經逐漸得到答案。等到各位長大時，人類應該已經比現在了解更多的宇宙真相了，或許在你們當中，有人還有機會前進太空。

期待肩負促使科技進步大任的各位，能夠暢遊目前已知的宇宙，並且學習知識，這就是本書的目的。

※無特別說明的資訊，均是二〇一〇年七月的內容。

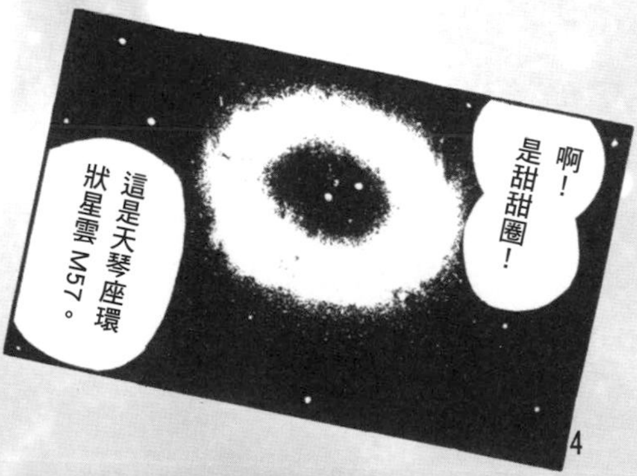
啊！是甜甜圈！
這是天琴座環狀星雲M57。

特別感謝

若田光一

佐佐木一義、佐佐木薰（JAXA）

夜晚的天空星光閃爍

Q 下列哪一位是世界上第一個用望遠鏡看星星的人？①牛頓 ②伽利略 ③畢卡索

（答案見左頁）

A ②伽利略。聽說荷蘭有人製作出一座望遠鏡，於是伽利略也自行打造望遠鏡眺望夜空。

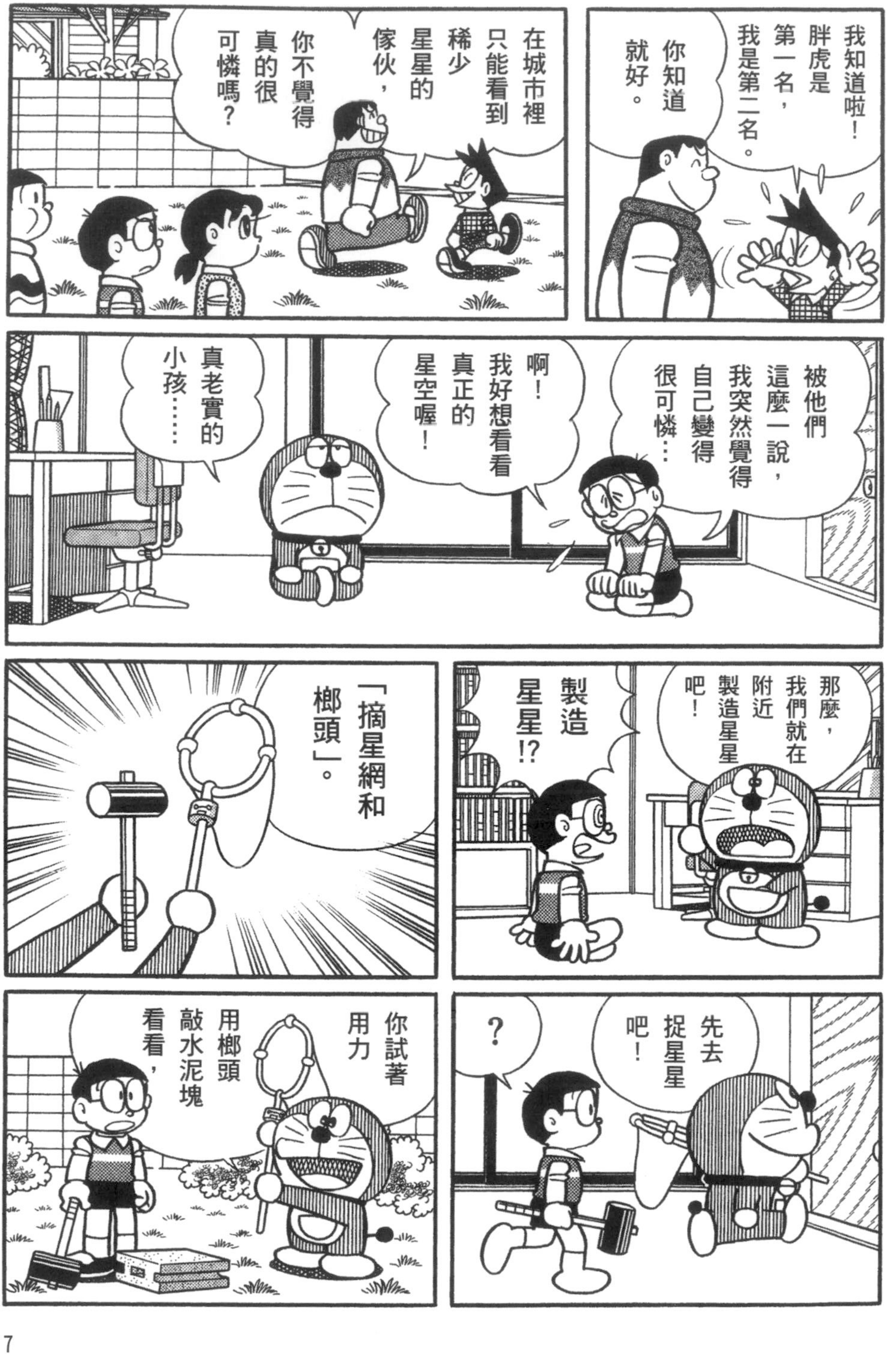

我知道啦！胖虎是第一名，我是第二名。
你知道就好。
在城市裡只能看到稀少星星的傢伙，你不覺得真的很可憐嗎？
被他們這麼一說，我突然覺得自己變得很可憐……
啊！我好想看看真正的星空喔！
真老實的小孩……
那麼，我們就在附近製造星星吧！
製造星星!?
「摘星網和榔頭」。
先去捉星星吧！
?
你試著用力用榔頭敲水泥塊看看，

※喀鏘
カチン
※揮
ザッ
抓到三個了。
チリン
啊！
變得愈來愈圓了。
先測試看看。
用「空間黏著劑」……
把窗簾拉上。
哇啊！好漂亮喔……
不過，在這裡製造星空，空間太小了。

穿越宇宙時光機Q&A

Q 全世界天文學家討論後決定的國際通用星座，共有幾個？

① 88個 ② 99個 ③ 111個

※咚鏘咚鏘

A ①88個。即使是同一顆星星，不同國家也有不同的名稱。於是在一九二八年決定國際通用的星座為88個。

穿越宇宙時光機Q&A

Q 太陽發出的光需多久時間才能抵達地球？①約6分鐘 ②約7分鐘 ③約8分鐘

A ③約8分鐘。太陽距離地球大約一億五千萬公里。光每秒前進的距離約30萬公里，因此抵達地球大約需要8分鐘。

穿越宇宙時光機Q&A

Q 下列哪一種氣體是觀測太陽時發現的？①氫 ②氖 ③氦

A ③氦。觀測日食時，首次發現氦的存在。氦（Helium）的名稱來自於希臘語的「ἥλιος」，意思是太陽。

夜空的星星為何會閃耀著美麗光輝？

事實上多虧有星星幫忙，人類才能夠建立文明

夜空對於我們而言，是近在咫尺的大自然之一。住在都市無法經常接近大自然的人，只要抬頭仰望夜空，就能看見那裡有許多星星閃閃發光。

從很久很久以前，人類的生活就少不了星星。然而，對於生活在安和樂利現代的我們來說，看星星或許只剩下浪漫或感受宇宙浩瀚等意義了。

但是，星星對於古代人有相當重要的意義。那個時代面對豪雨、乾旱、地震等大自然威脅的機會比現在更多，民眾利用解讀星星的移動，預測季節與氣候的變化，甚至可以說是人類透過觀察星星，建立了數學、測量、建築、農業等現代文明的基礎。

從遺跡就能夠知道古代人也觀察星星。舉例來說，科學家認為埃及金字塔的四個邊正是利用星星分辨正確方位，才能夠準確的朝著東西南北四個方向。另外在古代墨西哥曾經繁盛一時的馬雅文化，也留下了天文臺等建築遺跡。

▼自古以來，天文學就被應用在預測洪水、雨季、乾季、確認在陸地或海上移動時的方位等各方面，相當重要。

夜空裡的星星，是來自遙遠宇宙的恆星光芒

人類從星星學習到許多事，也因此促成文明的發展，卻是直到不久之前才得以徹底了解星星。距今大約四百年前，人類還相信地球是宇宙的中心，也以為星星距離我們很近。

事實上經過不斷觀察後，我們才發現星星位在十分遙遠的地方。構成星座的是自己會發光的星星，稱為恆星。距離地球最近的恆星就是太陽，而第二近的則是位在四點二光年遠的半人馬座比鄰星。

「光年」是指光在一年之內能夠前進的距離。一光年約是九兆四千六百億公里，因此，四點二光年大約距離三十九兆七千三百億公里。從地球上看來，夜空中能夠看見的星光最短費時四年，有時甚至要耗費數億年時間才會來到地球。

那麼，恆星如何發光呢？以距離我們最近的太陽來做說明。太陽是一團巨大的氣體，成分約四分之三是氫氣，剩下的四分之一是氦氣。一提到氣體，你或許認為一定很輕，但由許多氣體組成的太陽卻非常「重」。

這個重量迫使氣體朝中央擠壓，使太陽的中心呈現攝氏一千六百萬度、二千四百億大氣壓的超高溫、超高壓狀態。太陽中央的氫原子因此發生稱為「核融合」的核反應現象，變成氦原子。核融合反應所釋放出的能量，就是恆星光芒的來源。

▼ 太陽中心發生核融合反應，其能量使得太陽發光。中央的溫度可達攝氏 1600 萬度。

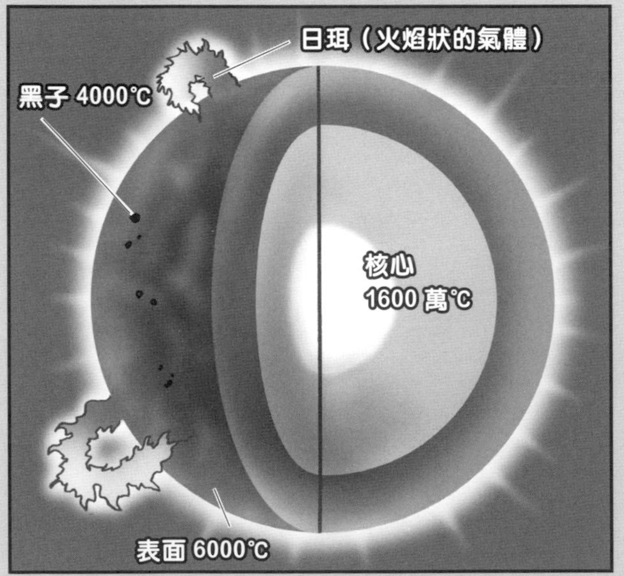
日珥（火焰狀的氣體）
黑子 4000℃
核心
1600 萬℃
表面 6000℃

銀河裡為什麼聚集了許多星星？

橫跨夜空的巨型銀河裡，聚集著許多恆星

最近在都市不太容易看見，不過只要前往遠離城市的高原、高山或海邊，就能夠看到從南到北劃過天空的巨大星帶，稱為銀河。肉眼看起來像是一條白色帶子的銀河，改用望遠鏡觀察就會發現裡頭聚集了許許多多的小星星。

構成銀河的當然是為數眾多的恆星。宇宙裡有數也數不清的恆星，而星空則是從地球這扇窗看見的宇宙樣貌。銀河的星星看起來比夜空其他部分更多，但是，我們為什麼會看見銀河呢？

想要解開這個謎，首先必須了解在宇宙中地球位在什麼地方。地球是繞著太陽旋轉的行星。太陽四周還有許多同樣繞著太陽旋轉的行星或小行星，這群天體以太陽為中心，構成太陽系。太陽系以外還有許多與太陽類似的恆星。人類過去認為，恆星無論到哪裡都同樣均等存在，但現在已知恆星會聚集成一個團體，這個團體就是星系。

而我們所存在的星系稱為銀河系，但銀河系的面貌卻是到一七七〇年後期才逐漸揭開。科學家仔細調查每個從地球上能夠看見的恆星之後，發現這些恆星聚集成一個薄圓盤的形狀。隨著時代進步，望遠鏡的功能不斷提升，我們對星系的了解也越來越清楚。

出處／NASA

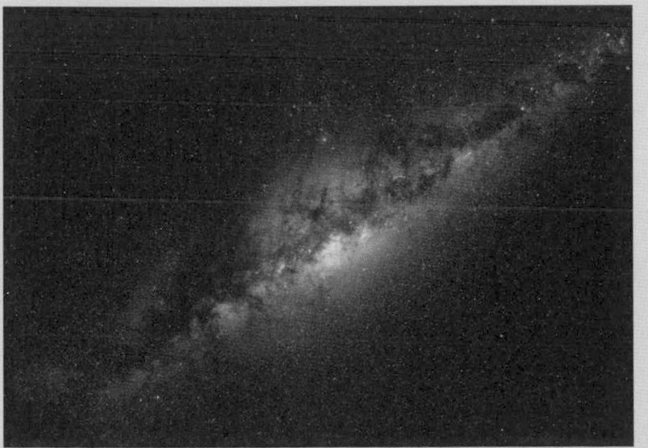

◀美麗的銀河自古以來就是牛郎和織女傳說的舞臺。七夕是從中國傳到日本的節日。

從星系中看星系，會是什麼模樣呢？

研究銀河系的大小時，科學家發現圓盤的半徑大約五萬光年，但靠近太陽處的厚度只有約兩千光年，也就是說，圓盤的水平方向聚集了許多星星，而垂直方向的星星較稀疏。

▼仙女座星系。與銀河系同樣是漩渦型。

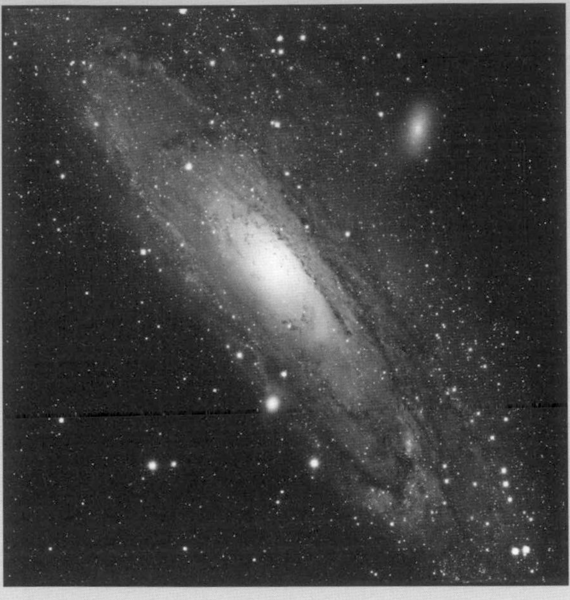

出處／NASA

地球位在距離銀河系中心大約兩萬八千光年遠的地方，屬於銀河系範圍內，因此自然無法看見星星呈現圓盤狀分布的模樣。

取而代之的是，我們能夠看見銀河。銀河是可從地球上看見的星系圓盤。圓盤部分聚集了許多星星，密集的星星看起來就像河川一樣。銀河是人類能夠從地球上看見的星系樣貌，而且自己也置身其中。

▼地球位在銀河系偏外側的位置。星系圓盤展開的部分聚集了許多星星，形成銀河。

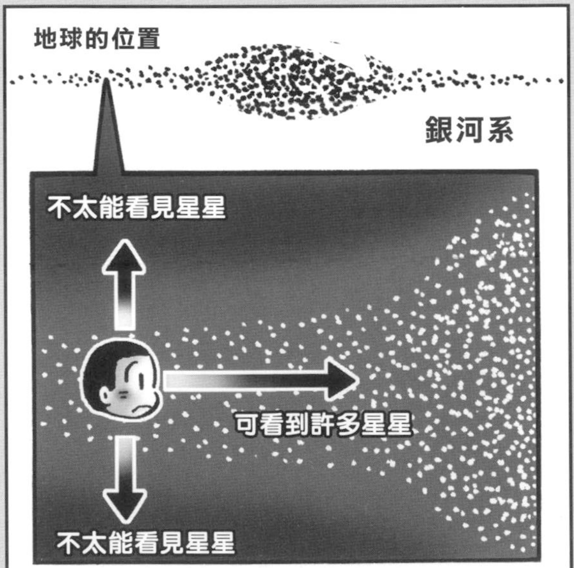
地球的位置
銀河系
不太能看見星星
可看到許多星星
不太能看見星星

穿越宇宙時光機Q&A

Q 從地球觀看太陽系以外區域，看起來最亮的是哪顆星？①織女星 ②天狼星 ③牛郎星

行星

雖然不曉得已經唸過他幾次了……
結果還是在睡午覺。
大白天的，你不要只會睡午覺好不好！
因為我很睏嘛。
為什麼還不快點到晚上呢？

A

②天狼星。冬季星座的代表星，也是構成大犬座的恆星之一，以星星明亮程度的指標等級（視星等）表示的話是−1.5星等。

幸福快樂的

地球的冬天為什麼那麼冷啊？
我為什麼非得出生在地球上呢？
對了，我應該要找個更舒適的星球來居住。
乾脆在夢裡找找看，有沒有這種充滿幸福的星球吧。
說得好聽，還不是又跑去睡覺了！
我問你，你真的想去嗎？
喔!?
真的有那種星球嗎？在哪？
自己製作啊。
可完全依照自己的喜好。
在木星和火星之間，有很多的小行星。
從這些小行星中，選出適合的吧！
土星
小行星群
木星
火星
地球
金星
水星
太陽

Q 土星環的主要成分是下列哪一種？①碎片 ②塵埃 ③冰

總之，我們去宇宙找吧。
氧氣鼻塞
塞入鼻孔後，一支可呼吸六個小時。
宇宙乳液
將乳液擦在身體上，就像是穿著宇宙服。
※啪嗒啪嗒
ペタ ペタ
我是機器貓，所以不用擦也沒關係。
走吧。
會是什麼樣的星球呢？
※吸入
哇啊！
這裡是真空狀態，所以房間的空氣會流過來！
引力很小，只要稍微彈跳就會飛到很遠的地方。
真是麻煩的星球。

A ③冰。土星環看起來像是扁平的圓盤，但大部分是由小冰塊構成。一顆顆直徑不到10公尺的冰塊繞著土星旋轉。

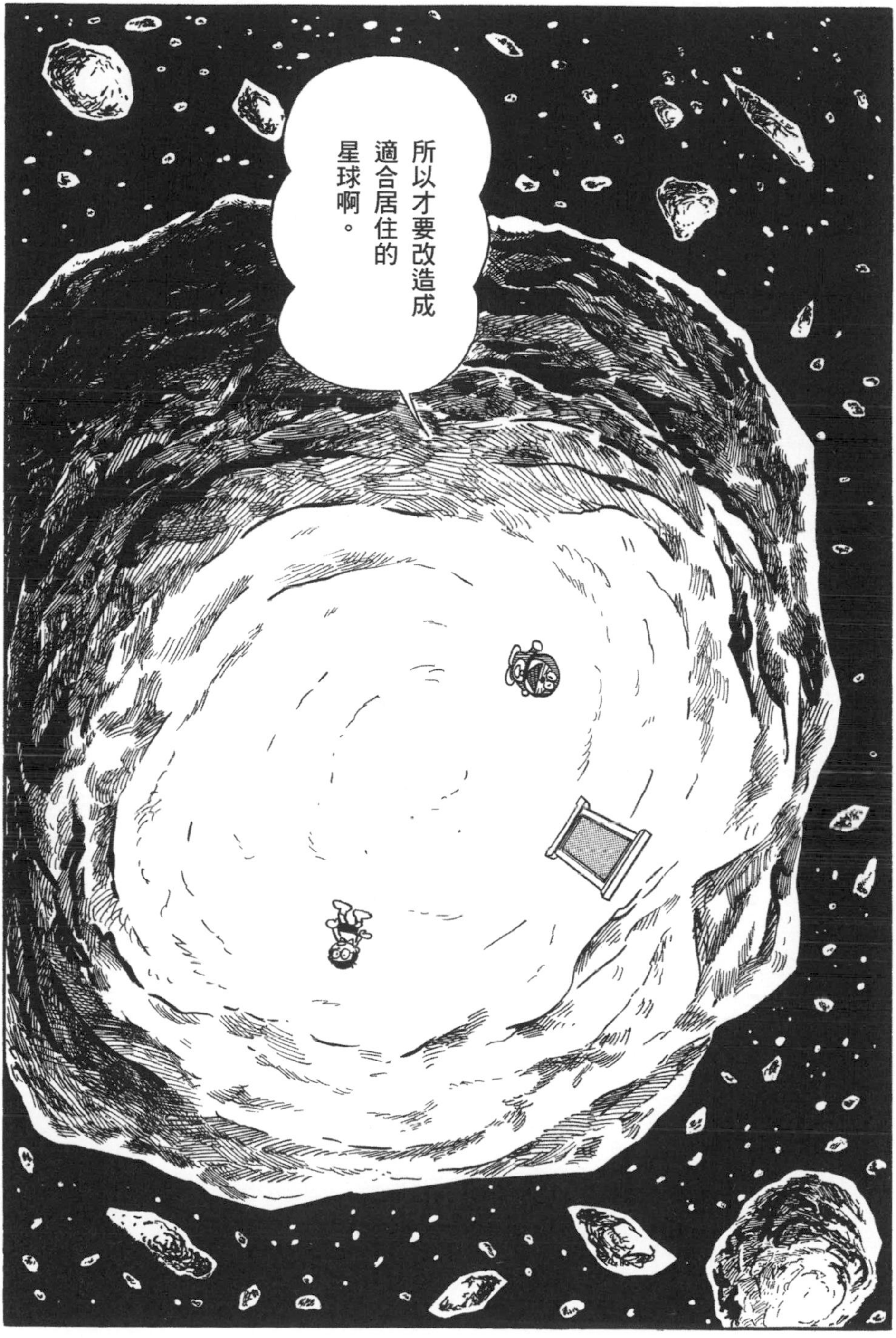

穿越宇宙時光機Q&A

Q 太陽系的行星之中，平均密度最大的是下列哪一顆？ ①地球 ②木星 ③金星

A ①地球。地球平均密度是每1立方公分5.52公克，是行星之中密度最大。木星雖又大又重，卻是由氣體構成密度很低。

可是……你不覺得這邊很荒涼嗎？
所以才要來改造啊！
你想先從哪裡開始？
我想種一些綠色植物。
要培育植物，必須要有水、空氣和陽光。
從家裡引水過來就行了。
ジャー
※唰
這樣就有陸地和大海了。
我現在正在製造空氣。
這種空氣即使在引力小的星球上，也不會散掉。
咦……
好像變亮了耶。
那是因為空氣反射光的關係。

開始來灑種子吧！
因為引力很小，
一下子就能跳過大海了。
從這邊開始變成夜晚了。
已經繞過一圈了。
咦…哆啦A夢呢？
※轟轟轟
ゴゴゴ
!?

穿越宇宙時光機Q&A

Q 除了土星之外，有環的行星包括木星、海王星及下列哪一個？

①天王星 ②金星 ③火星

A ①天王星。天王星有13道水或甲烷結冰形成的環，繞行方向與天王星的自轉方向相同。

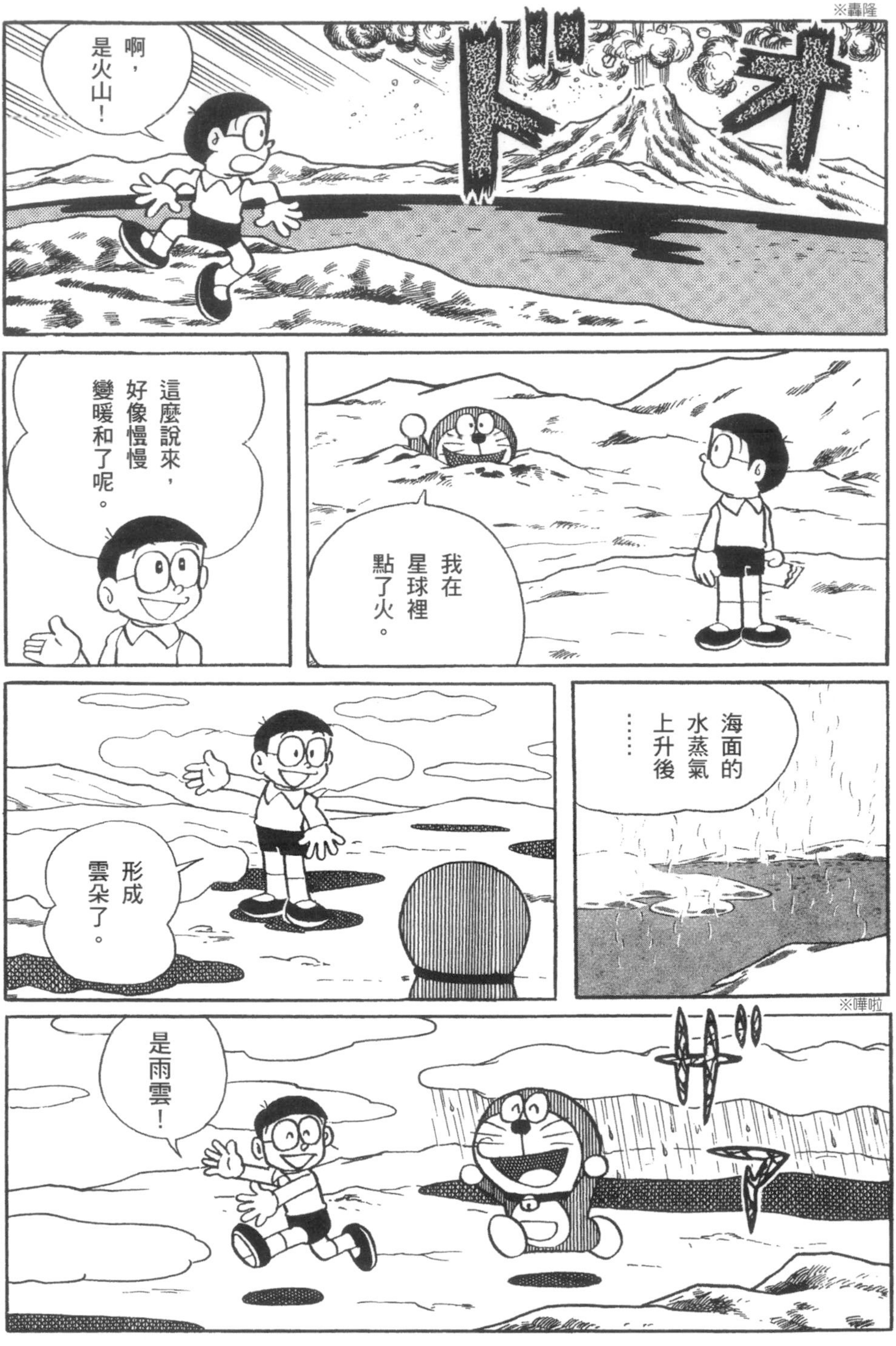
※轟隆
啊，是火山！
我在星球裡點了火。
這麼說來，好像慢慢變暖和了呢。
海面的水蒸氣上升後……
形成雲朵了。
※嘩啦
是雨雲！

啊！
即使摔倒也不會痛。
因為引力小吧！
對常常摔倒的我，這裡實在是適合我居住的星球啊。
落下的雨沿著地勢下流……
小河流匯集成了河川……
接著流向大海。
和地球一樣。
四處開始冒出了綠色的新芽…
長出了很多的樹木和花草！
這些樹木好小喔。
因為這是拍攝特攝片時出現的迷你模型所使用的樹木啊。

穿越宇宙時光機Q&A

Q 木星已知衛星數超過60顆，其中「埃歐」、「歐羅巴」、「加尼米德」、「卡利斯多」這四顆被稱為？

A 伽利略衛星。這四顆衛星是一六一〇年伽利略以自製望遠鏡觀察木星時發現的。

好美的星球啊！
既然如此，我也想做些動物。
我剛剛在海水裡，倒入「動物元素濃縮液」。
你可以用「顯微望遠鏡」來看看！
啊，已經出現生物了。

連魚都有了！
因為是速成的關係，所以進化得也很快。
咦……那麼快就天黑了。
這顆星球每兩小時自轉一次，所以夜晚也來得快。
先回去吃晚餐，然後睡覺吧。
明天這裡會變成什麼樣子呢？真令人期待！
天還那麼亮！
才四點而已。
天氣這麼好，應該去外面玩啊！
地球還真是顆無聊的行星耶！
我回來了。
快來看看後續發展得如何了
哆啦A夢不在家，沒關係，
我自己去看吧！

Q 木星最為人所知的特徵就是表面的條紋。聽說這些條紋會改變，真的嗎？

A 真的。表面的條紋其實是木星的大氣層，因此會產生變化。事實上，條紋在二〇一〇年五月就少了一條。

哇啊！已經有都市了。
街上的人都走得好快喔。
可能是這裡的時間過得很快吧。
那個小孩好像我喔！
為什麼還不快點晚上呢？
鼾～

地球是何時、如何誕生的呢？

距今四十六億年前，太陽寶寶自暗星雲裡誕生

地球是在距今約四十六億年前與太陽同時誕生。太陽及繞行其四周的天體合稱為「太陽系」。而這些天體是因為太陽誕生，才會出現在現在的位置上。在看地球之前，我們先來看看太陽誕生的過程。

太陽的成分來自飄浮於宇宙中的塵埃和氣體。宇宙中有些地方聚集了許多塵埃與氣體，有些地方則沒有。當某個地方的塵埃與氣體因衝擊而聚集起來，緊接著這個地方的塵埃和氣體密度將會增高，重量也隨之增加，如此一來，重力也跟著增大，於是逐漸把四周的塵埃和氣體拉過來。

被拉過來的塵埃和氣體所聚集而成的團塊不會發光，因此稱為「暗星雲」，用望遠鏡也無法看穿，不過仔細觀察暗星雲就能夠找到幾顆低溫的原恆星。所謂原恆星，就是今後將長成恆星的恆星寶寶。

我們已知暗星雲是恆星寶寶誕生、成長的保溫箱。而太陽也是恆星之一，因此科學家認為太陽也是以同樣的方式在四十六億年前從暗星雲裡誕生的。

▼知名的暗星雲「馬頭星雲」。影子的形狀看起來像是馬頭，因而得名。

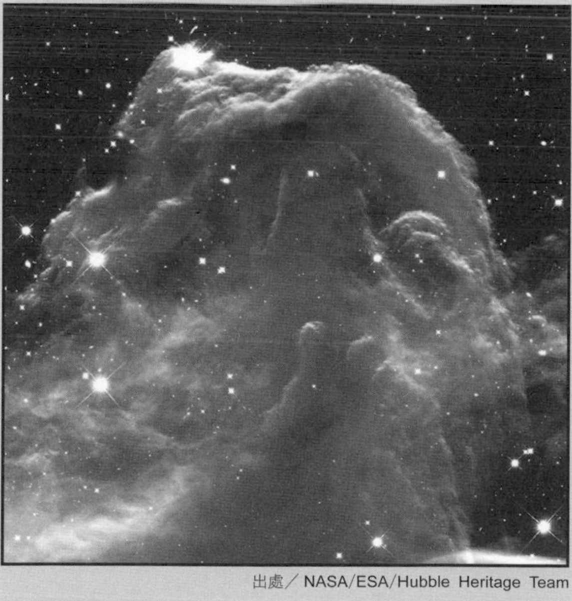

出處／NASA/ESA/Hubble Heritage Team

塵埃與氣體集結形成太陽與行星

四十六億年前，太陽自暗星雲裡呱呱墜地，順利長大。恆星寶寶培育到某個程度時，大型星雲就會消失，恆星寶寶則會伴隨塵埃與氣體形成的雲塊進入宇宙裡。恆星寶寶繼續長大，在塵埃氣體雲的中央開始發光，剩餘的塵埃與氣體則在其四周繞行。

太陽寶寶同樣也是從塵埃氣體雲中央開始發光，剩餘的塵埃與氣體變成圓盤狀，環繞太陽四周。在這段期間，塵埃逐漸成長形成岩石塊；岩石塊互相碰撞吸引，漸漸變大，形成八顆行星，其中之一就是我們所居住的地球。

太陽系行星中的水星、金星、地球、火星，是由塵埃構成的岩石塊碰撞吸引，才會變成今日的大小；而位在比木星更遠的行星，則是吸引了環繞四周的氣體，因此逐漸成長為氣體行星。

▼ 與太陽類似的恆星寶寶。四周的塵埃和氣體受到恆星重力的牽引，變成圓盤狀。這個圓盤將會變成行星。

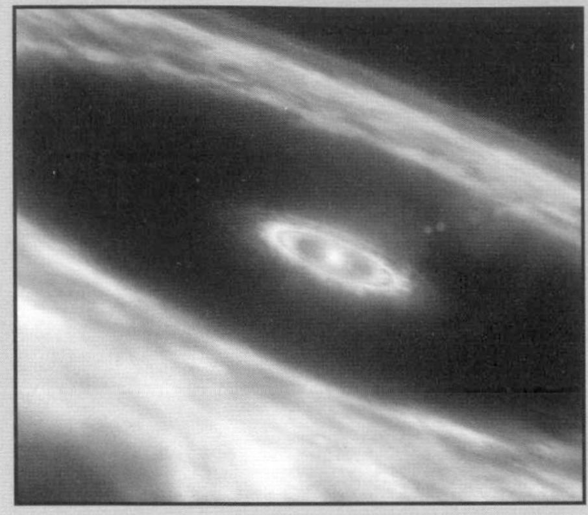

出處／ESO（歐洲南天天文臺）

特別專欄

橫躺旋轉的天王星

太陽系行星的自轉軸都是朝著公轉面傾斜。以地球來說，傾斜的角度是23.4°。其他行星的傾斜程度也幾乎不會超過30°。

但天王星卻傾斜至98°。其他行星是平行公轉面旋轉，天王星則幾乎垂直，也就是接近橫躺的姿勢。順便補充一點，金星的傾斜角度是117°，也就是以倒立的姿勢旋轉。

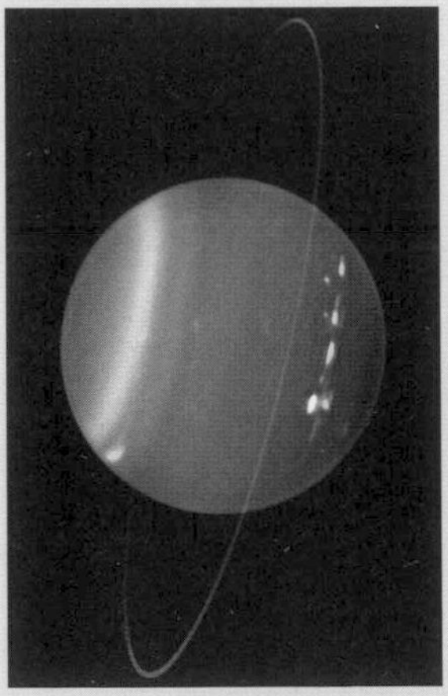

出處／NASA

四十六億年前的地球是什麼模樣？

剛出生的地球表面是一片濃稠的岩漿海

地球在四十六億年前和太陽同時誕生。與其他七個行星最大的不同，就是表面充滿液態水，形成了海洋。每個從太空看地球的人都說地球在漆黑的宇宙裡獨自散發著藍光，十分美麗。也正是因為地球上有海洋，地表上才能夠孕育出生命。

▼藍色大海與含有大量氧氣的大氣層環抱下的地球。在漆黑宇宙中可看見藍色的地球。

出處／NASA

地球現在的地表溫度並不高，而且有水構成的大海，但是在地球誕生之初，地表全是熔化的濃稠岩漿，就像大海一樣無邊無際。從現在的模樣，很難想像剛出生時的地球，而那樣的地球又是如何變成現在的樣子？我們來看看這個過程。

在地球誕生時，四周仍有許多尚未變成行星的小行星（微行星）。小行星受到地球重力吸引而靠近，因此地球不斷與小行星碰撞，每一次碰撞都使得地球與小行星的成分相互融合，逐漸分離出金屬成分與岩石成分。金屬成分較重，因此沉入地球中央，而相對較輕的岩石成分則留在靠近地表的區域。

與小行星的碰撞結束後，地球趨於穩定

小行星的碰撞不只是影響地表，也改變了天空的環境。碰撞產生的熱釋放出許多二氧化碳與水蒸氣，此時，

地球的天空被大量的二氧化碳與水蒸氣覆蓋。

二氧化碳與水蒸氣會蓄熱，導致地表溫度逐漸升高。溫度一高，釋放到空氣中的二氧化碳和水蒸氣也增多，這個循環不斷反覆，導致地表變成超高壓、超高溫的狀態。處於這個超高壓、超高溫狀態下，地表的岩石成分無法保持固態，因此有好一陣子都是濃稠的岩漿（岩漿海）狀態。

之後過了一陣子，地球四周的小行星逐漸減少，撞擊也告一段落，於是高溫高壓的地球開始降溫。地表的溫度一下降，地表的岩漿便從表面開始凝固，形成地殼。大氣層裡的水蒸氣一降溫，就化為雨水降到地面上，形成海洋。

海水裡溶入了許多地球上的物質，其中之一就是大氣層中的二氧化碳。二氧化碳溶在海水裡，降低了大氣層中二氧化碳的濃度，使得多餘的熱比較容易逃向太空，地球的氣溫也逐漸穩定。

水在地表形成的大海中，不只是含有二氧化碳，還溶入了許多東西。溶解在水中的物質產生反應，創造出新的物質，而生物就是經由這樣的過程所產生。

▼地球原始的樣貌。地球經過漫長的歲月，才能夠形成現在的模樣。可以確定水就是生命孕育的起源。

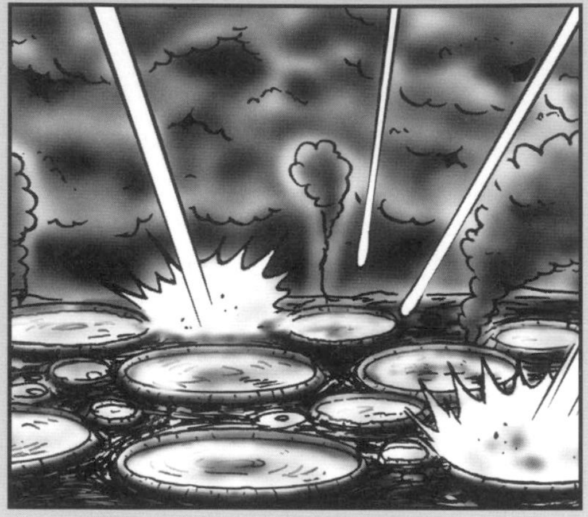

特別專欄

太陽系之外也有行星

就像太陽四周有 8 顆行星繞行，一般認為太陽之外的地方也存在許多行星繞行的恆星。但是行星本身不會發光，因此很難觀察繞行其他恆星的行星。不過隨著觀測技術逐漸提升，我們已經曉得有不少恆星都有行星。

為了與太陽系的行星區隔，那些行星稱為「（太陽系）系外行星」。目前我們對於太陽系之外的行星幾乎一無所知。為了能進一步了解行星，人類必須找到更多系外行星，了解它們的變遷。

太陽系裡有多少星星？

太陽系除了太陽與行星之外，還有冥王星等矮行星

我們一提到星球，通常不會想太多。在夜空中閃耀的星星、地球是藍星、月球是距離地球最近的星球，諸如此類的例子不勝枚舉。

而一提到太陽系的星球，最先想到的就是太陽。於是大概幾乎所有人的腦海中都會浮現太陽四周繞著八顆行星的畫面。太陽系的行星由距離太陽最近的開始，依序是水星、金星、地球、火星、木星、土星、天王星、海王星。不過，太陽系裡的天體可不是只有這些。

一直到二〇〇六年為止，仍屬於行星之一的冥王星也是太陽系天體的夥伴。冥王星這個天體，其實比地球的衛星月球還小，但是在發現超過七十年以來，卻始終被分類為行星。

後來，隨著天體觀測技術日新月異，人類陸續發現了許多與冥王星同樣大小的天體。其中有些天體比冥王星還要大，因此開始出現冥王星是否應該列入行星的兩派爭議。

在各方經過多年的討論之後，決定將冥王星排除在行星之外，改稱為「矮行星」。矮行星指的是大小沒有行星那麼大，但接近行星的天體。除了冥王星之外，還有鬩神星、穀神星、鳥神星、妊神星這四個天體也是分類在矮行星之中（根據二〇〇八年九月資料）。

▼二〇〇六年由行星改列為矮行星的冥王星。

出處／NASA/JHUAPL/SwRI

已登錄的小行星將近三十五萬個！光是太陽系的星星就數量龐大

行星和矮行星多半有衛星跟著。以行星來說，靠近太陽的水星和金星雖然沒有衛星，不過比地球更遠的行星全都有衛星。一個行星不一定只有一個衛星。地球的衛星只有月球，但木星和土星都已經發現六十個以上的衛星。

另外，太陽系裡還有比矮行星更小的天體，稱為「小行星」。小行星目前正以勢如破竹之姿一一被發現，光是正式登錄取得小行星編號的就將近三十五萬個，數量遠遠超過行星（根據二〇一三年二月資料。）

小行星並不會因為個子小，重要性就不如行星。小行星在太陽系誕生時還沒有長到行星的大小，仍然維持現在的小個子姿態，繞行太陽旋轉，因此科學家認為，小行星的沙子和岩石裡，應該仍殘留著太陽系誕生當時的資訊。

事實上，為了調查小行星的形成，日本在二〇〇三年發射了小行星探測器「隼鳥號」。隼鳥號的任務是前往位在地球與火星之間的小行星「糸川」。隼鳥號是全世界第一個登陸小行星，並且成功回到地球的探測器。

目前已知，在火星和木星之間，以及比海王星更遠的地方都有許多小行星。位置不同，小行星的成分也不同。火星與木星之間的小行星主要成分和地球一樣是岩石；位在比海王星更遠處的小行星成分則是冰和塵埃。

在太陽系盡頭，由冰和塵埃所打造而成的小行星，偶爾會來到太陽附近。只要一靠近太陽，冰就會遇熱融化，讓小行星變成拖著長長尾巴的彗星。

▼太陽系組織圖。有一派主張認為太陽系裡仍存在尚未發現的「行星X」，全球天文學家都在找尋中。

掃把星的尾巴

不要的東西如果不經常整理……
破銅爛鐵就會越積越多……
※噗
游泳圈不要了吧？
嗯……
プ ウ
可是沒有它，我就不會游泳耶。
好遜喔，都幾歲的人了。
哇啊～找到一個稀奇的東西了！
這是從我爺爺那代……
代代相傳的捲軸。
那就是我的曾祖父囉！

好醜的字啊。
大概是小時候寫的吧？
內容寫些什麼呢？
「明治四十三年五月二十日，野比伸吉書」。
簡單來說是這樣的。
「七十六年後…」那就是從明治四十三年開始數……一九八六年，換言之就是明年。
上面寫著：「此年，天降橫禍。其時，凡我子孫皆可挖掘院內柿樹之根，以求生存之機。」
「天降橫禍」？什麼意思？
這個嘛……這是以前的人的想法……
柿子樹下有什麼呢？
會不會藏著寶物啊？
那麼，這個就傳給第四代的你吧。
我記得柿子樹……
種在那裡。

穿越宇宙時光機Q&A

Q 全世界擁有最多隕石的是下列哪一個國家？ ①美國 ②法國 ③日本

A ①美國。美國擁有超過一萬七千顆隕石。過去是日本最多。

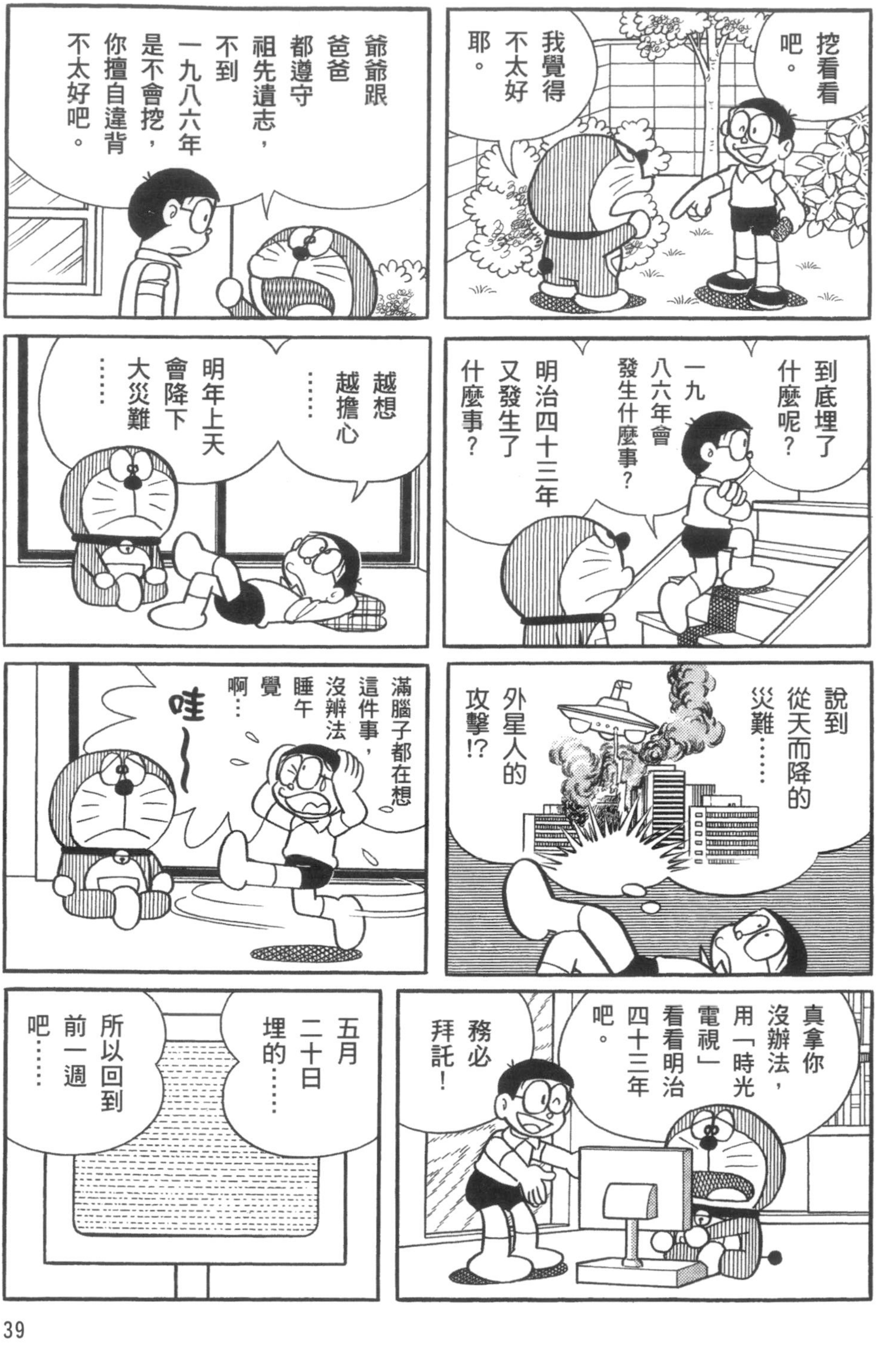
挖看看吧。
我覺得不太好耶。
爺爺跟爸爸都遵守祖先遺志，不到一九八六年是不會挖，你擅自違背不太好吧。
到底埋了什麼呢？
一九八六年會發生什麼事？明治四十三年又發生了什麼事？
越想越擔心……
明年上天會降下大災難……
說到從天而降的災難……
外星人的攻擊!?
滿腦子都在想這件事，沒辦法睡午覺啊……
哇～
真拿你沒辦法，用「時光電視」看看明治四十三年吧。
務必拜託！
五月二十日埋的……
所以回到前一週吧……

這就是七十六年前的家裡附近？
時空轉換，事物多變。
有了！
他大概就是伸吉曾祖父了。
神情凝重的看著水桶……

穿越宇宙時光機Q&A

Q 根據記錄，全世界最古老的隕石在西元幾年落下？①八六一年 ②九六一年 ③一〇六一年

A

①八六一年。有目擊記錄顯示，該隕石落在現在的日本福岡縣直方市某神社境內。重量有427公克。

※啪沙
臉浸下去了。
一直沒把頭抬起來。
他想做什麼？
過了一分多鐘！
他會溺死的!!
啊、啊，在痛苦掙扎了。
不快救他會死的！
※啪沙啪沙
你在做什麼傻事啊!?
不幫我買輪胎，我只好練習憋氣了。
輪胎？
憋氣？
因為學校的老師說……
學校怎麼了？
時間再回溯……
各位同學，大事不好了。

大家應該都知道掃把星要來了，但是更恐怖的是……
聽說掃把星的尾巴上可能有毒。
咦……!?
掃把星的尾巴？
尾巴有毒，難道是蠍子嗎？
而且根據某位學者的說法……
當尾巴掃過地球時……
掃過地球…？
原來是一隻巨大的蠍子。
說不定會一瞬間帶走所有空氣…也就是說空氣會……
空氣會消失!?
人家說掃把星來的五分鐘內，如果憋氣的話，或許還有救。
如果是真的，大家不就難逃一死了？
所以趁還沒來之前，練習憋氣吧！

穿越宇宙時光機Q&A

Q 全世界第一個發現的小行星是下列哪一個？①糸川 ②穀神星 ③鬩神星

A ②穀神星。一八〇一年由義大利天文學家發現，並且以羅馬神話中掌管穀物的女神的名字命名。

我大概能憋一分鐘吧。
我有自信憋到一分半。
伸吉應該連三十秒都不到吧？
嗯？
那邊的小朋友。
不要閒晃，趕快回家。
趕快回去幫家裡的忙。
是～～
チリリン
※叮鈴
對了!!
先儲存空氣，等掃把星來了再吸就好啦!!

穿越宇宙時光機Q&A

Q 土星的衛星之中有甲烷湖的是下列哪一個？①泰坦星 ②利亞星 ③恩克拉多衛星

真不巧，輪胎我全買光了。
不管什麼時代，都有壞蛋。
真失望……
不敢回家了。
總之，只要能儲存空氣就好了。
那個游泳圈送他吧？
灌入滿滿的新鮮空氣！

A ①泰坦星。泰坦星是土星最大的衛星，科學家認為其地表上有甲烷或乙烷湖。

前往明治四十三年！
※滾滾滾
コロコロ
コロコロ
？
這是什麼…？
雖然不知道這是什麼，但是充滿了空氣！
這個時代還沒有塑膠呢。
話說回來……
掃把星到底是什麼啊？
啊～!!
那是!?

穿越宇宙時光機Q&A

Q

哈雷彗星下次靠近地球將是在哪個時間？①二〇五一年②二〇六一年③二〇七一年

巨大的彗星。
我想起來了!!
說到一九一〇年…
就是哈雷彗星最接近地球的一年！
掃把星原來是指哈雷彗星！
明年降臨的哈雷彗星……
在七十六年前，祖先也曾親眼目睹。
不過是顆彗星而已，有什麼好大驚小怪的。

A ②二〇六一年。哈雷彗星以大約76年一次的週期接近地球。上次於一九八六年靠近地球時，亮度不是太亮。

以前天文學不發達，根本不知道彗星是什麼東西。
據說曾造成大恐慌，以為就要世界末日了。
這麼一來……
「如今掃把星無事消逝，實屬大幸。但是，聽說七十六年後會再降臨，故遺留此物給予子孫，有備無患。」
曾祖父人真好。

彗星是靠噴射飛行嗎？

一九八六年會發生什麼事？
明治四十三年又發生了什麼事？

彗星是一團髒冰塊，尾巴是冰塊融化噴出的氣體

彗星是拉著長尾巴的奇妙星星。在漫畫裡，大雄的曾祖父伸吉差點因為彗星尾巴所含的毒物而死亡，引起大騷動。事實上，彗星尾巴含有有害物質氰化氫氣體，以及一九一〇年引發的大騷動，都是真實事件。不過彗星尾巴的有害物質含量很少，即使地球被尾巴包覆住，也不會構成問題。

話說回來，彗星為什麼有尾巴呢？它並不是為了噴出氣體飛行喔！

其實只有在彗星靠近太陽時，這個尾巴才會從彗星朝著與太陽相反的方向延伸。彗星就像是一團髒冰塊，一接近太陽，原本冰凍住的氣體和塵埃就會隨著溫度升高而融化，並覆蓋在表面。這些氣體和塵埃受到太陽風等一吹，就會變成尾巴的模樣。位在彗星中央的彗核，大小可達數十公里，被融化的大氣覆蓋後稱為「彗髮」（coma），最大直徑可達約百萬公里。尾巴長度更可超過一億公里。

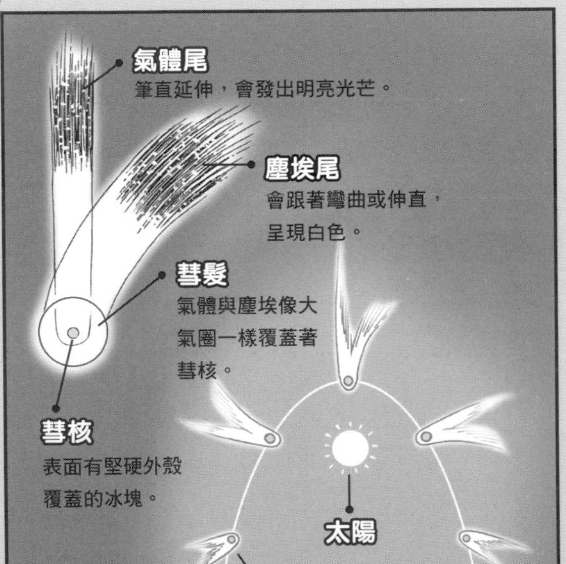
氣體尾
筆直延伸，會發出明亮光芒。
塵埃尾
會跟著彎曲或伸直，
呈現白色。
彗髮
氣體與塵埃像大
氣圈一樣覆蓋著
彗核。
彗核
表面有堅硬外殼
覆蓋的冰塊。
太陽
彗星
尾巴愈靠近太陽
會變得愈長。

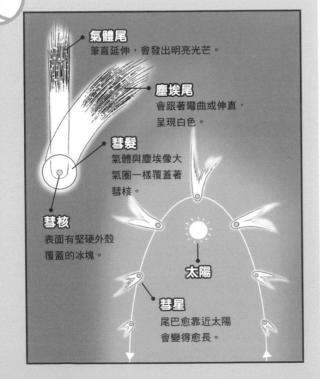

就是哈雷彗星最接近地球的一年！
掃把星原來是指哈雷彗星！

彗星來自遙遠的外太空？

彗星的家鄉是「歐特雲」與「古柏帶」

彗星究竟是從哪裡來的呢？是誕生在太陽系以外的地方嗎？彗星與大家熟悉的星星十分不同，它的外表雖然怪模怪樣，不過與地球同樣是太陽系的夥伴。它來自稱為「歐特雲」（Oort cloud）、「古柏帶」（Kuiper belt）的地方。

首先介紹古柏帶。太陽四周有地球等行星繞行。行星當中繞行在最外側軌道的是海王星。古柏帶就位在海王星的外側，充滿冰塊，形狀就像扁平的圓環。

在古柏帶外側的是歐特雲。歐特雲與古柏帶之間並沒有分界線，不過歐特雲不像古柏帶是扁平環狀，而是將整個太陽系包覆成一顆球。歐特雲是彗星的聚集地，那裡彗星數量據說超過一兆顆。但是，即使有一兆顆的彗星，因為它們分散的範圍太廣，因此實際上看起來不像一朵雲。

彗星分布的廣度和距離是一般人很難想像的，假如我們將實際的距離縮短成兩百億分之一，換算成平日常見的距離數字，則太陽到地球是七公尺，行星當中位置最遠的海王星距離太陽兩百二十五公尺，而歐特雲距離太陽則是三百七十五公里。雖然同樣位在太陽系裡，但彗星的家鄉遠得難以想像。

來自不同地方的彗星，有不同的尾巴長度與亮度

古柏帶和歐特雲與太陽的距離各不相同，而來自這兩處的彗星，外觀上看來也完全不同。或者應該說，我們實際上幾乎看不見來自古柏帶的彗星。

來自古柏帶的彗星以數年至一百年的週期繞行太陽，其中最具代表性的就是哈雷彗星。以這麼短的週期繞行太陽的彗星之中，既明亮又大型的彗星其實只有哈雷彗星。

彗星之所以看起來明亮，是因為其核心冰凍住的氣體和塵

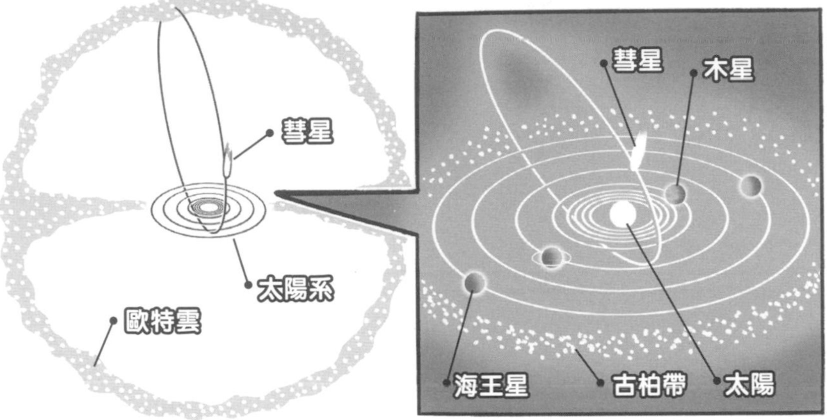

歐特雲

是耗費幾百萬年時間繞行太陽、明亮且拖著長尾巴的彗星的家鄉。哈雷彗星有可能誕生自歐特雲，後來改變了軌道，週期變成 76 年。

古柏帶

以數年至 100 年時間繞行太陽的彗星的家鄉。位在海王星軌道的外側，外形呈現圓環狀，充滿飄浮的冰塊。少有明亮的彗星。

埃融化後形成長長的彗髮，讓它看起來像拖著長尾巴的緣故。然而在短時間內多次靠近太陽的彗星，已經沒有太多能夠融化的成分，因此有些彗星的堅硬外殼完全瓦解消失，有些則只剩下外殼，變得像一顆小行星一樣，繞行在太陽四周。

另一方面，來自歐特雲的彗星繞行太陽則需要花上更長、甚至長達數百萬年的時間，其耗用的物質比較少，因此大多數明亮且拖著長尾巴的彗星都是來自歐特雲的彗星夥伴。但是，在地球上想要看到來自歐特雲的彗星，在數百萬年當中只有少數幾年有機會，而明亮到可以用肉眼直視的彗星，出現的時間更是非常短暫。即使是近年來人稱最明亮的彗星，也就是一九九七年的海爾波普彗星，可用肉眼清楚看見的時間也僅僅只有短短幾個月而已。想要見到彗星拖著長尾巴的機會其實真的十分有限。

彗星眞的是太陽系的時間膠囊嗎？

據說曾造成大恐慌，以為就要世界末日了。

彗星裡藏著許多四十六億年前太陽系誕生時的物質

前面已經介紹過彗星的真面目其實是髒冰塊，不過最近大家開始關注這個冰塊是由什麼物質所構成。因為科學家認為彗星凍住的東西，包括了約四十六億年前亦即太陽系誕生時期的物質。換言之，只要研究彗星，就能夠了解太陽系誕生時的物質成分與模樣。

大約四十六億年前，飄流在宇宙中的氣體和塵埃集結在一起開始旋轉。中央聚集了許多氣體，產生太陽。氣體雲裡的塵埃在太陽的四周相互碰撞、吸引變大，形成地球等行星。

古柏帶被認為是太陽系四周塵埃無法成長為行星而殘留下來的東西。另外，歐特雲則被認為是木星、土星等行星形成時，將軌道上原有的物質甩到外圍所形成。

彗星就是太陽系誕生時創造出來的時空膠囊。科學家為了解開太陽系誕生之謎，過去曾經朝彗星發射了好幾架探測器。

比方說，一九八六年回到太陽附近的哈雷彗星就有日本的「彗星號」和「先驅號」、前蘇聯的「維加一號」和「維加二號」以及歐洲的「喬托號」對它進行探測。喬托號當時甚至曾經到達距離哈雷彗星只有六百公里的地方，拍下彗核噴出氣體的照片。

爲了調查彗星而發射的數架探測器

一九九九年美國發射的「星塵號」曾接近威德二號彗星，帶回其彗核四周的彗髮標本。

在彗星探測器中也屬特例的，就是二〇〇五年美國發射的「深度撞擊號」探測器。科學家認為，愈靠近彗星內部中央，愈能找到太陽系形成時殘留的物質。因此深度撞擊號發射重達三百七十公斤的「撞擊器」衝撞譚普一號彗

特別專欄

「流星雨」是彗星離去時留下的禮物？

流星是直徑數公釐以下的小塵埃，因為掉落到地球時與大氣層摩擦生熱而發光。這些流星與彗星有著相當密切的關係。

彗星在太空中散播塵埃，因此彗星軌道附近的塵埃含量很高。彗星軌道一旦與地球軌道交錯而過，許多彗星留下的塵埃就會掉落到地球上。因此地球每年都能夠在特定星座的方位上看到流星掉落。

這類流星雨之中的獵戶座流星雨，正是與哈雷彗星有關。

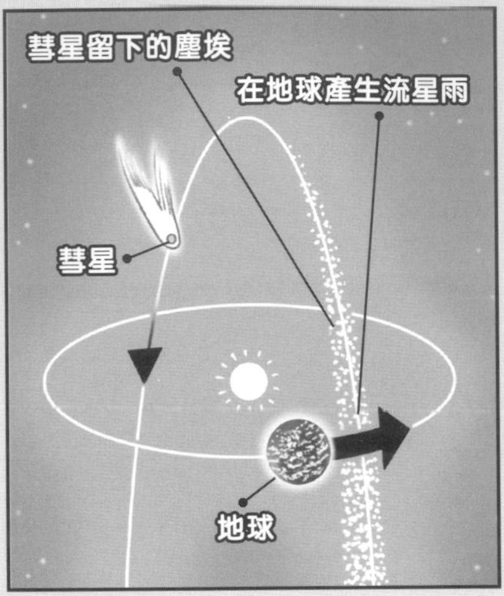

星，打算透過這個衝撞所產生的撞擊坑調查噴出的物質。這項計畫成功了，除了深度撞擊號的攝影機之外，哈伯太空望遠鏡、地面上的望遠鏡也可觀測到譚普一號彗星噴出的物質。深度撞擊號後續也在二〇一〇年十一月進行了哈特雷二號彗星的彗核觀測。

二〇一一年二月，星塵號再度接近譚普一號彗星，研究深度撞擊號撞擊的痕跡變化。

◀撞擊器碰撞譚普一號彗星後，撞擊坑噴出物質的假想圖。

出處／NASA

無重力的大雄家

ブラーン
ブラーン
※晃動

Q 國際太空站（ＩＳＳ）裡沒有下列哪個設施？①廁所 ②廚房 ③浴缸

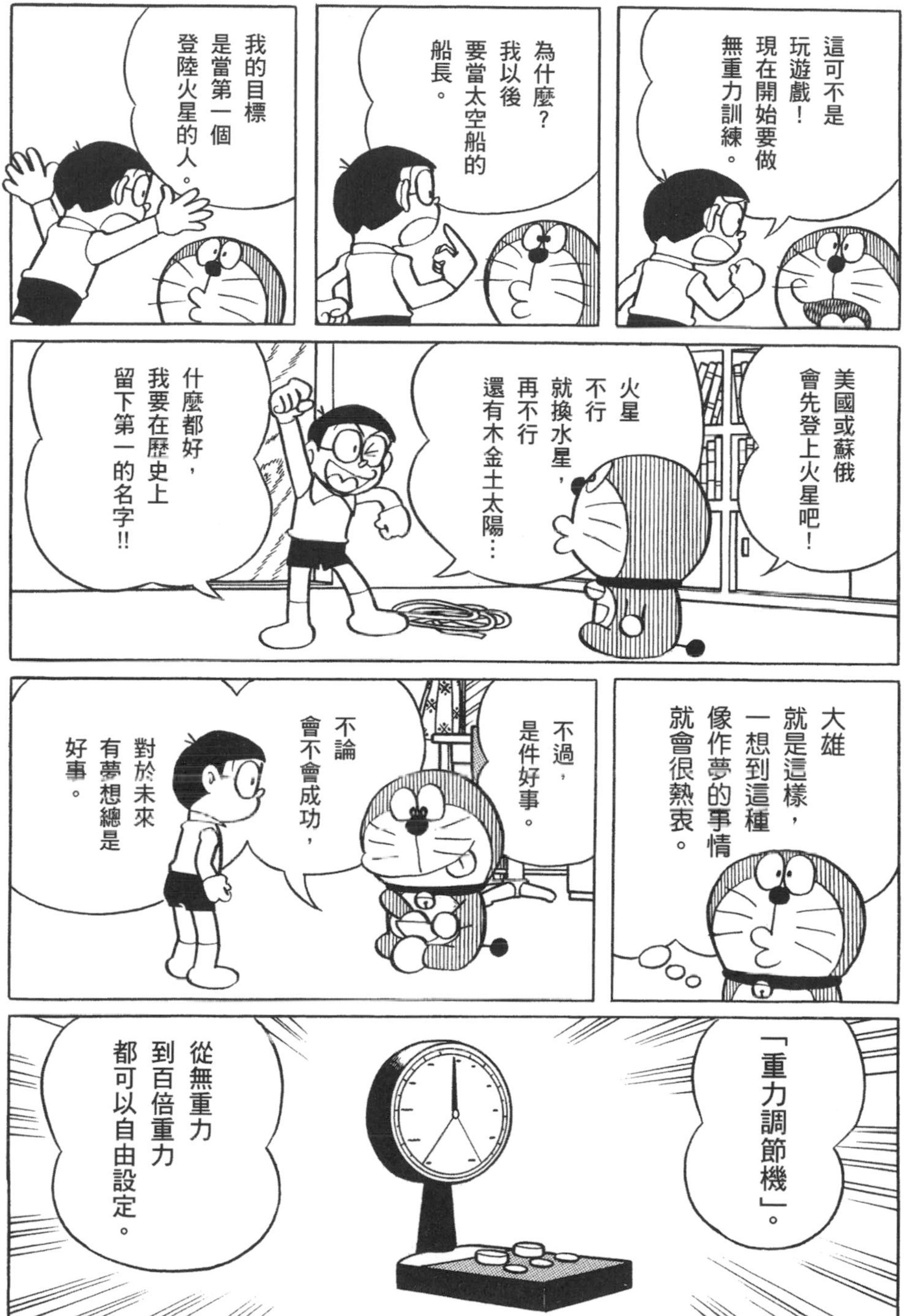
這可不是玩遊戲！現在開始要做無重力訓練。
為什麼？我以後要當太空船的船長。
我的目標是當第一個登陸火星的人。
美國或蘇俄會先登上火星吧！
火星不行就換水星，再不行還有木金土太陽……
什麼都好，我要在歷史上留下第一的名字!!
大雄就是這樣，一想到這種像作夢的事情就會很熱衷。
不過，是件好事。
不論會不會成功，
對於未來有夢想總是好事。
「重力調節機」。
從無重力到百倍重力都可以自由設定。

A

③浴缸。國際太空站處於無重力狀態，若是大量用水，會飛濺出來造成機械故障，因此裡面沒有浴缸。

把這個房間的重力往下調。
變成0.5G。
0.1
1
2
0.01
01
.0001
0
100
也就是說，這個房間的東西都變成一半的重量而已。
真的耶！
ヒョイ
※咻咻
身體也變輕，能跳得比平常高二倍。
ヒョイ
ヒョイ
調成0.38G，
登上火星大概是這種感覺。
※碰咚
小心一點。
0G！
這樣就變成無重力了。
※飄飄
フワ
フワ

穿越宇宙時光機Q&A

Q 阿波羅計畫從月球上帶回來的石頭大約多重？

① 約300公斤 ② 約400公斤 ③ 約500公斤

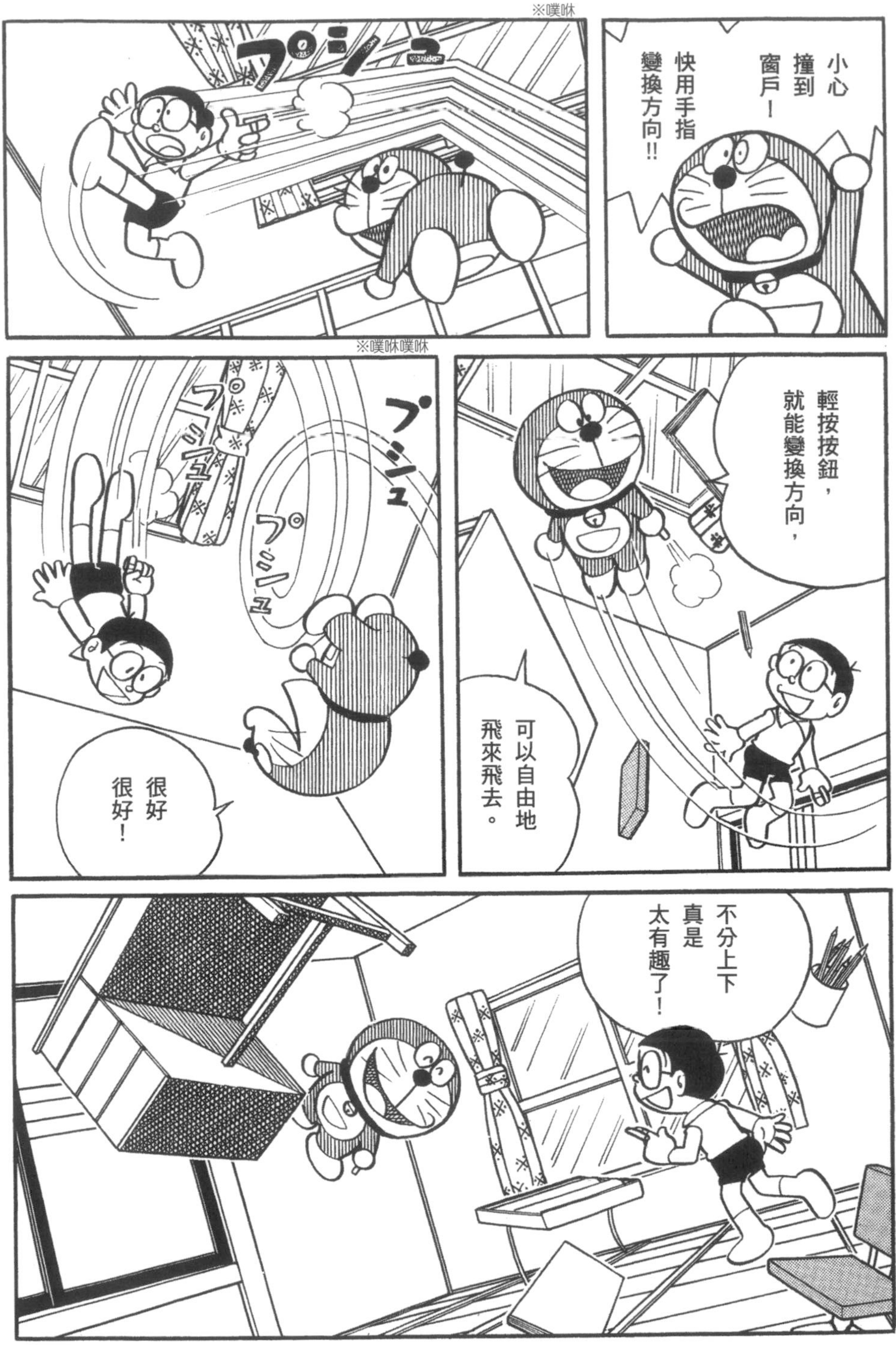

A ②約400公斤。阿波羅計畫六次登陸成功，帶回了大約400公斤的石頭。這些石頭有助於研究月球的起源與成分。

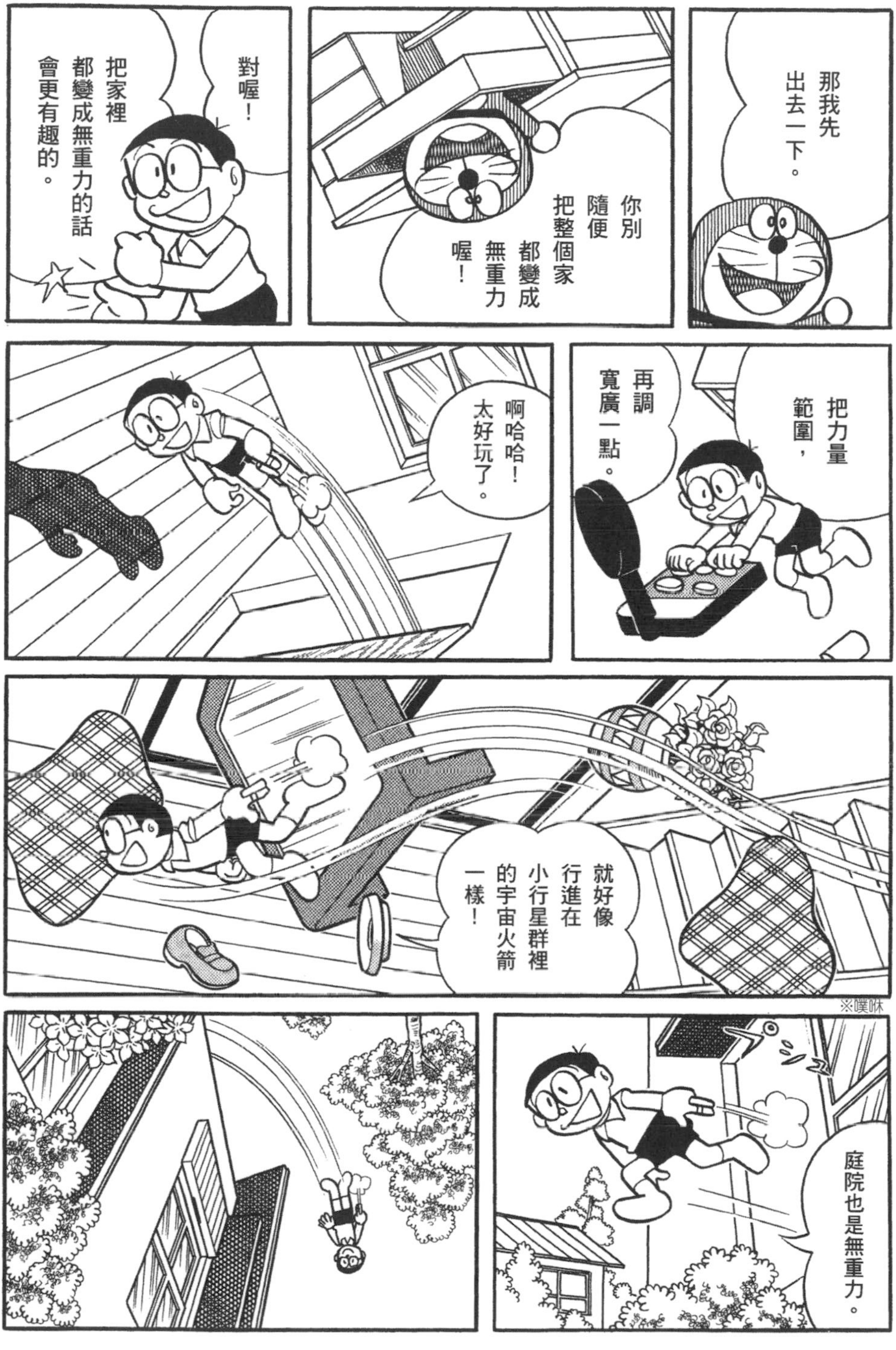
那我先出去一下。
你別隨便把整個家都變成無重力喔！
對喔！
把家裡都變成無重力的話會更有趣的。
把力量範圍，
再調寬廣一點。
啊哈哈！太好玩了。
就好像行進在小行星群裡的宇宙火箭一樣！
※噗咻
庭院也是無重力。

穿越宇宙時光機Q&A

Q 首次在太空中交配成功的動物是下列何者？①青蛙 ②金魚 ③青鱂魚

A ③青鱂魚。這是一九九四年在太空梭上進行的實驗。青鱂魚在15天內產下43顆卵，有8隻青鱂魚寶寶在太空中誕生。

哎呀
!!
冷靜點。
※飄起
這裡是無重力狀態，
所以沒有上下之分。
※旋轉
馬上就會習慣了。
習慣以後就會很好玩。
我無法安心呢⋯

穿越宇宙時光機Q&A

Q 首次飛入太空的人類是加加林，他在太空中待了多久？①約1小時 ②約2小時 ③約3小時

A ②約2小時。加加林於一九六一年飛入太空，繞行地球一圈，於1小時48分鐘之後返航。

真難對準……
哇啊！尿變成了水珠！
※噗嘶
走開走開！別過來。
知道啦！
ボム
※碰咚
哎呀？
ダン
※咚
ドン
叫你不要過來啊！
我沒辦法控制嘛！

穿越宇宙時光機Q&A

Q 據說在國際太空站裡打開汽水瓶蓋，裡面的汽水會噴出來，真的嗎？

A 真的。在地球上，二氧化碳氣體會從液體表面排出，但在無重力狀態下，二氧化碳氣體會在液體內部形成大氣泡猛烈噴出。

哇！「重力調節機」!!
※卡鏘
※碰咚
ドサ
ドサ
習慣了無重力，現在覺得身體好重喔！

宇宙是什麼樣的世界？為何一片漆黑？

宇宙裡沒有東西阻擋光線，即使有光通過，仍是一片漆黑

地球接受太陽光的照射，因此明亮發光，不過太陽與地球之間的宇宙空間卻仍是一片漆黑，前面說過接收太陽光就會變亮，為什麼宇宙卻是一片漆黑？

原因在於人類眼睛看東西的方式。我們的眼睛能感應來自外在世界的光，然後將這個訊號傳送到大腦。但是仔細想想，在我們身旁的物品並非全部都會發光，發光的物品只限於火和燈泡等，除此之外的東西都是因為光照到該物體後反射，也就是說我們看到的是反射光。

地球上有許多能夠反射光的東西，因此我們能夠看到身旁的許多物品。天空看起來會是藍色，也是因為光碰到空氣的分子而反射出藍色的光。

相反的，太陽到地球之間的宇宙空間裡，幾乎不存在會反射光的東西，因此太陽放出的光筆直前進，直接通過。因為宇宙空間裡不存在能夠反射光線進入我們眼睛的東西，因此看起來是一片漆黑。

地球與月球等會反射太陽光，我們的眼睛才得以看見，但是其四周的空間並沒有能夠反射光線的物體，所以行星、月球等天體，在我們看來就是孤零零飄浮在宇宙空間裡。

▼即使待在宇宙空間裡，只要存在太空人或太空梭等能夠反射光線的物體，就知道有光存在。但是沒有這些東西存在的區域，太陽光只會筆直通過。

出處／NASA

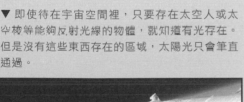

眺望宇宙遠方，星系看來就像排在一起的彈珠

宇宙裡有些地方存在著與地球或太陽類似的天體，此外也有些地方就像這些天體四周那樣看來空無一物。宇宙空間就像是「有東西存在的地方零星分布，其四周則什麼也沒有」，除了部分的地方有東西存在，大多是空曠的地方。

這種情況不僅局限於太陽系，看看整個銀河系，也是有些地方存在著恆星和氣體等，有些地方則空無一物。離開銀河系一看，同樣有些地方存在著星系，有些地方則什麼也沒有。

過去人們相信星球均勻分布在整個宇宙裡，無論切割下宇宙中的任何地方，都能夠看到同樣的景色。但是現在不同了，隨著觀測技術逐漸進步，人類已經知道宇宙中存在著星球聚集的地方，以及空無一物的地方。

況且，恆星不只是單純的聚集在一塊兒，它們會形成星系，而星系也會聚集成像彈珠一樣的球狀，除此之外的地方則是一片空洞。星系所形成的彈珠結構，科學家稱之為「宇宙大尺度結構」。

但是，宇宙中存在的東西不僅止於這些。最近的研究發現，星球和氣體這類眼睛可見的物質，大約只占整個宇宙的百分之五。那麼剩下的是什麼呢？據說大約百分之二十二是暗物質，約百分之七十三是暗能量。

無論是暗能量或是暗物質，我們的眼睛都無法看見，也完全不清楚那些是什麼。名稱用了「暗」字，感覺上似乎是很邪惡的東西，不過這樣命名不是因為這些東西很邪惡，而是因為人類還不清楚它們的真面目。

▼我們已知的部分只占整個宇宙的5%。剩餘的部分是什麼，相當受人矚目。

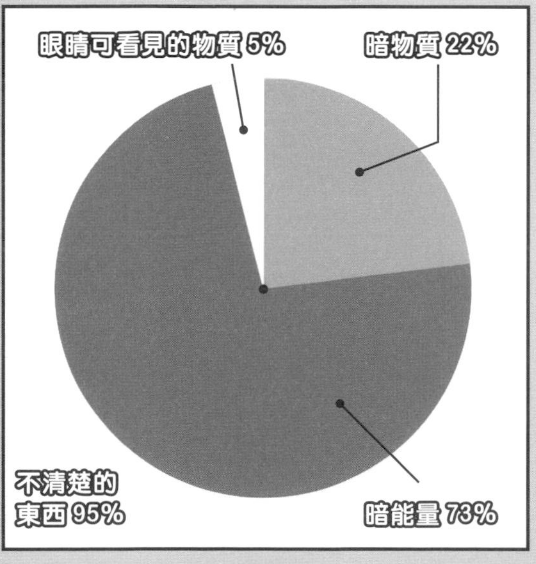
眼睛可看見的物質 5%
暗物質 22%
不清楚的
東西 95%
暗能量 73%

宇宙真的無邊無際嗎？

人類過去經常將宇宙視爲恆常不變

「宇宙是什麼模樣？」這是人類自古以來就抱持的疑問之一。人類眺望著星空，忍不住就開始思考這個宇宙將會變成什麼樣子。

最早回答這個問題的人是牛頓。牛頓（Sir Isaac Newton）因為發現萬有引力定律而聞名，不過他的成就不只是這樣，他還歸納出了解物體如何運動的法則，稱為「牛頓運動定律」。

使用牛頓運動定律，就能夠計算出繞行太陽的行星何時會位在何處。英國天文學家哈雷（Edmond Halley）也使用牛頓運動定律計算出哈雷彗星繞行太陽一周需花費七十六年時間。然後正如他所預測，哈雷彗星於一七五八年來到太陽附近，證明了牛頓運動定律的正確性。

牛頓運動定律主張，無論在宇宙的任何地方，時間總是規律的前進，測量距離的工具每一刻度的長度也總是不變。因此科學家認為，宇宙永遠都是同一個模樣，不會改變。

就連發展出相對論的愛因斯坦（Albert Einstein）也支持宇宙永恆不變的想法。他利用相對論，演算出描述宇宙模樣的愛因斯坦重力場方程式。

事實上，解開這個方程式所得到的答案是，宇宙會改變。但是愛因斯坦不相信這個答案，為了將答案導向宇宙永恆不變，他加入了不必要的項目。

▼因為牛頓運動定律的關係，我們不僅能夠計算行星的運行，也能夠計算發射到太空裡的人造衛星與太空站的移動。

出處／NASA

從星系的觀測結果得知宇宙正在膨脹

直到人類嘗試觀測宇宙之後，才曉得宇宙永恆不變的想法其實有誤。一九二九年，美國天文學家哈伯（E. P. Hubble）主張宇宙正在膨脹的「宇宙膨脹說」。

哈伯觀測遠處的星系時，發現星系似乎正在遠離，而且位在越遠處的星系遠離的速度越快。

假如我們與氣球上某一個點的距離越遠，氣球一膨脹，我們與這個點之間的差距就會擴大。哈伯認為宇宙就像氣球膨脹一樣，整個宇宙正在持續膨脹擴大。

宇宙正在膨脹的事實，也帶來另一項與宇宙有關的重要資訊，亦即「宇宙有起點」。假如宇宙永恆不變，宇宙就沒有起點和終點，只是永遠處於同樣狀態，而過去幾乎所有人都相信這一點。

然而，當宇宙正在膨脹的說法成立後，情況就改變了。正在膨脹也就意味著，往回逆推的話，宇宙曾經很小，而曾經很小的宇宙在過去某個時間點應該只是一個小點，宇宙由此而誕生。注意到這件事的科學家們，於是開始研究宇宙是如何開始的。

▼宇宙每天不斷膨脹擴大，因此從地球上看來，其他星系正在遠離我們。

就如同氣球一膨脹，
圖案的間隔就會逐漸擴大。
時間不斷前進

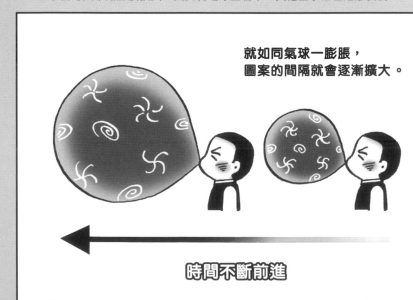

宇宙是何時、如何誕生的呢？

宇宙約誕生於一百三十七億年前，不過如何誕生至今仍是個謎

哈伯主張的宇宙膨脹說（詳見第六十九頁）提到宇宙有起點。既然這樣，人們開始好奇宇宙是在何時、又是如何誕生的。

目前這個問題仍無法完全解決，不過因為許多科學家的努力，我們逐漸解開宇宙誕生的祕密。

首先，宇宙是在何時誕生？只要知道宇宙膨脹的速度，就能夠計算出這個問題的答案。哈伯也曾經挑戰這項計算，他得到的答案是大約二十億年前。但是這個結果不對。地球和太陽的誕生大約是在四十六億年前，宇宙的形成應該比太陽和地球的誕生更早。

他算出宇宙的年齡比地球年輕的原因在於，我們無法正確測量出與星系之間的距離。這個問題一直到科學家打造出能夠進行更精密觀測的哈伯太空望遠鏡，以及數枚觀測衛星之後，才獲得解決。分析觀測結果，我們得知宇宙大約是在一百三十七億年前誕生。

那麼，這個宇宙又是如何在一百三十七億年前誕生的呢？這是每個人現在最想知道的答案，許多科學家也仍在持續研究中。

◀▼為了要推測宇宙的年齡，宇宙背景輻射的觀測數據便成了重要資料。宇宙背景輻射是大霹靂的餘燼，現在也仍遍布於整個宇宙中。左圖是觀測宇宙背景輻射的人造衛星WMAP。

出處／NASA

大霹靂發生前不久，宇宙誕生了

直到不久前，科學家仍然以為是先發生了大霹靂，才造就宇宙的誕生。但是只有大霹靂，無法完整說明宇宙如何變成現在的狀態。因此，現在科學家認為，宇宙是在大霹靂發生前不久誕生的。

宇宙在某個時候突然從「虛無」中誕生。「虛無」是沒有時間、沒有空間、空無一物的世界。突然間一顆類似宇宙種子的東西，從空無一物的地方誕生出來，而那就是眼睛看不見，像顆粒一般大小的小宇宙。但是，宇宙在出生的下一刻急速擴大，這段時期稱為暴漲期。接著，暴漲期結束後立刻發生大霹靂，讓宇宙變得更為寬廣。

這是目前最能夠解釋宇宙誕生的主張。宇宙暴漲期的時間很短，因此人類不會注意到，接著宇宙便以比光速更快的速度擴大。

整個宇宙因為發生暴漲期的劇烈變化，產生了些許波動。宇宙在大霹靂之後逐漸長大，過程中，這個波動也隨之擴大延伸，並創造出星系及宇宙大尺度結構。

▼宇宙的演化。從虛無中誕生的小小宇宙經過暴漲期、大霹靂，成為巨大的宇宙。

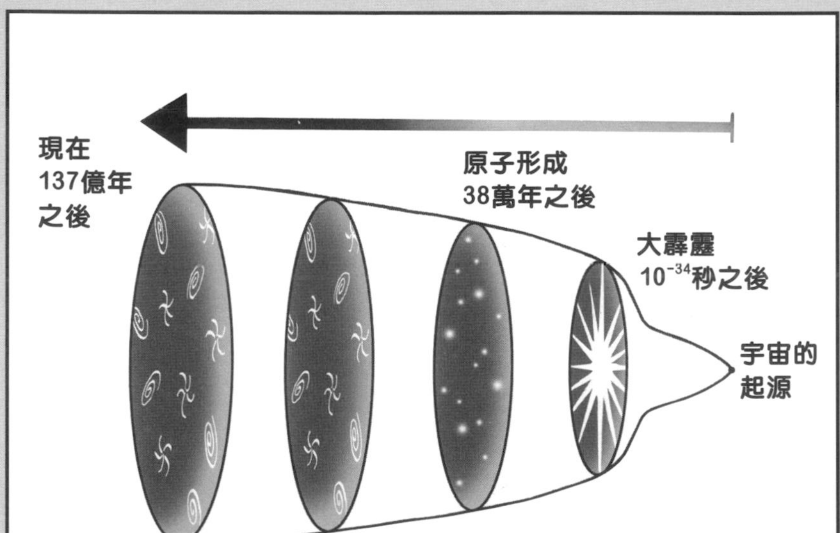

現在
137億年
之後
原子形成
38萬年之後
大霹靂
10^{-34}秒之後
宇宙的
起源

大雄的黑洞

我吃飽了。
還剩下這麼多。
大雄胃口不好，真糟糕。
我小時候不管吃再多都覺得吃不飽。
這樣身體怎麼會強壯呢？
不可以讓爸媽擔心啦。
沒辦法，我就是沒食慾啊。

好吧。
拿這個給你用用看。
「迷你黑洞」。
宇宙的墳場——黑洞，
會吸引所有的物體加以吞蝕，
甚至連光都無法避免。
這個是黑洞的模型。
拿一點點碎片給你。
啊～
※啪
パク
※咕嚕
ゴクリ
我要吃飯!!
※嗯咕嗯咕
ムシャムシャ
※嚼嚼
ガツガツ
再來一碗！

穿越宇宙時光機Q&A

Q 首次使用日本國產火箭H－II耐熱技術製作的是哪個產品？ ①塗料 ②橡膠 ③接著劑

A ①塗料。以火箭發射時能保護尖端部分的隔熱技術為基礎，開發出隔熱塗料GAINA，提供冬暖夏涼的生活。

穿越宇宙時光機Q&A

Q 太陽系的行星目前只有8個，有沒有可能增加？

A 有可能。二〇〇八年三月時，科學家預測在比海王星更遠的地方或許存在著未知的行星。

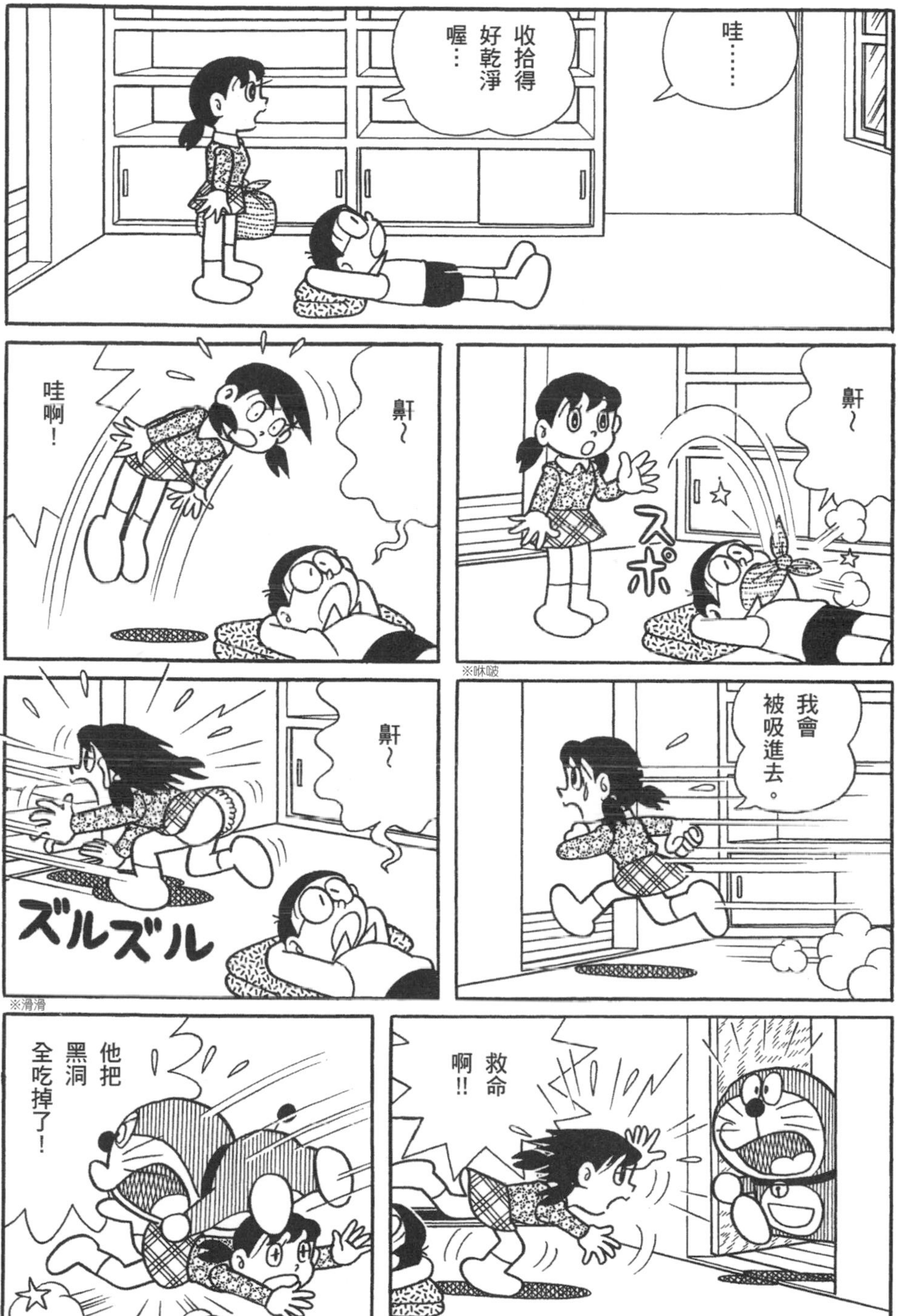

穿越宇宙時光機Q&A

Q 世界上第一個觀測黑洞的人造衛星是下列哪一個? ①哈伯 ②COBE ③自由號

ガボ
※卡碰
快把嘴巴閉上!!
黑洞的威力大到可以把整個家吸進去啊。
快點喝下「黑洞分解液」到廁所去！
※嘩嘩嘩
黑洞呢？
變得碎碎的被水沖走了。
大雄!!

A ③自由號。一九七一年科學家用X射線天文衛星自由號觀測原以為是一對X射線聯星的天鵝座X-1，其實是黑洞。

ズルズル

在黑洞裡，人類身體會變得比微生物更小？

物體被吸入黑洞會細長延伸，最後分解成基本粒子！

靜香和哆啦A夢差點被大雄肚子裡形成的黑洞吞沒，在黑洞壞掉後，大雄吞下的書桌、書本雖然復原了，但實際掉進黑洞的東西會變成什麼模樣呢？

在這裡必須先跟大家說聲抱歉，因為事實上沒有人掉入黑洞之後還能回來。一旦掉進黑洞就再也出不來，因此沒人能夠分享經驗，所以接下來的說明只是「理論上的推測」。

首先，我們從遠處觀察掉入黑洞的東西。越靠近黑洞中心，掉落物就會變得越細長，顏色也會逐漸變紅。繼續深入黑洞的話，其移動速度會逐漸減緩，最後到了中心一帶就會停止移動，看起來就像是飄浮在半空中。

相反的，如果在掉進黑洞的同時往外看的話，外面的風景會逐漸變藍，視線範圍也會漸漸縮小，然後掉到中心時，掉落物會被拉扯變長，最後完全粉碎。人體則會被分解成分子、原了，甚至是構成原子的最小單位基本粒子。

黑洞內側與外側的感受完全不同，這是因為時間與空間的扭曲所造成的。

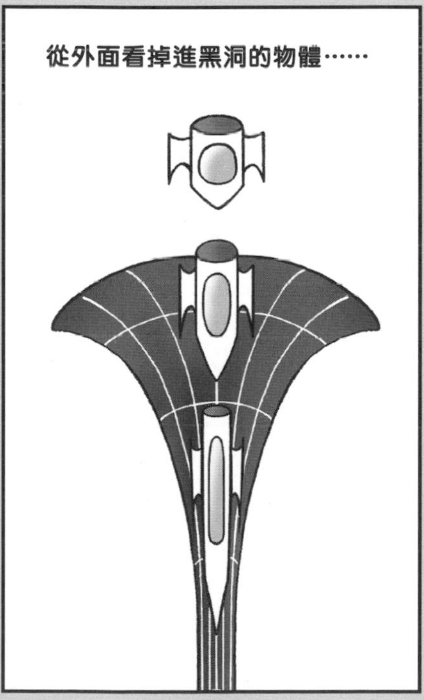
從外面看掉進黑洞的物體……

▶掉落物會被拉扯變細長，並在中心一帶停止掉落。

光的前進路線

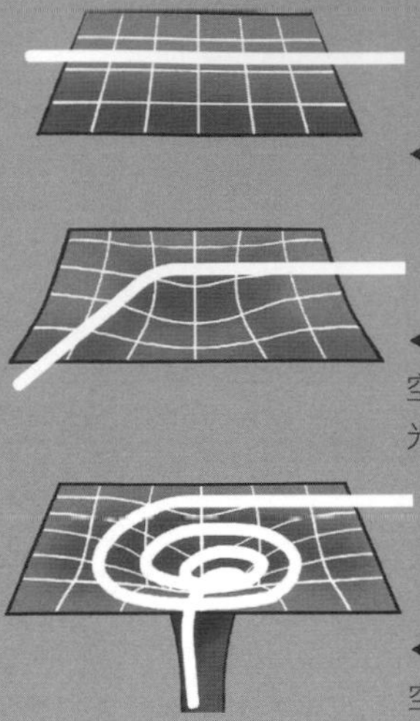

◀ 在空無一物的地方

◀ 在有星星的地方
空間扭曲，
光的前進路線改變

◀ 在有黑洞的地方
空間嚴重扭曲，
掉進去的光無法出來

在重力大的東西四周，時間和空間都變形了

我們在紙上畫下直線和橫線，代表宇宙的時間與空間。左邊三張圖就是受到重力影響的情況。若是在沒有星球或其他物質，也沒有重力的地方，光線會像上圖那樣筆直前進。中間那張圖是正中央有星球，因此時間和空間受到它的重力影響而扭曲變形。通過星球附近的光因為扭曲的影響，前進的路線也出現彎曲。如果有黑洞的話，就會變成底下那張圖的情況，時間與空間因為重力而大幅扭曲，就連光也陷進去無法逃離。

重力驚人，速度比任何東西快，連光也會被抓住不放！

造成黑洞附近時間和空間扭曲的是重力。重力本身並不可怕。地球有大氣層讓生物能夠呼吸，也是因為地球有重力，才能夠抓住大氣層。

不過，也是因為地球有重力，所以人類如果想要離開地球飛往太空，必須以能夠甩開地球重力的速度才飛得出去。能夠擺脫地球重力的必須速度稱為「宇宙速度」，其速度是每秒十一點二公里。只要有這個程度的速度，就能夠擺脫地球重力，飛上繞行太陽的軌道。若是在重力比地球更大的星球，則必須以更快的速度飛行，否則無法擺脫重力。

另一方面，目前世界上速度最快的東西是「光」，其他物質的速度皆無法超越光速。也就是說，若是重力太大，大到連光速都無法擺脫的話，一旦進入其中，就再也無法出來了。而黑洞便是如此。

它的模樣就像是一個連光都無法逃出的洞穴，因此被取名為「黑洞」。

黑洞誕生於超大規模的爆炸？

比太陽重上數倍的星球，爆炸後形成黑洞

各位是否聽過「超新星」呢？它是比太陽重約八倍以上的星球，最後會引發大爆炸。爆炸時會發出比太陽明亮十億倍以上的光芒，模樣就像乍現的明星，因此稱為超新星。而它引起的爆炸就稱為「超新星爆炸」。黑洞正是這場爆炸的產物。

會造成黑洞的是比太陽重約二十倍的星球。恆星到了生命末期就會膨脹成為紅巨星，恆星中央累積燃燒剩下的鐵，鐵無法當作恆星的燃料，因此紅巨星無力繼續膨脹，於是突然開始縮小，破壞了鐵原子。鐵原子遭到破壞時，引發的就是超新星爆炸。

但是超新星爆炸後因為核心太重，超新星無法支撐本身的重量，因此繼續崩塌，重力也逐漸增大，如此一來，就誕生出重力大到連光也逃不掉的「黑洞」。

恆星爆炸形成黑洞的過程

人類有人生，星球也和人類一樣有自己的「星生」。比太陽重約 20 倍的星球就會變成這樣。超新星的殘骸飄散在宇宙間，變成可以再度構成星球的星際氣體。

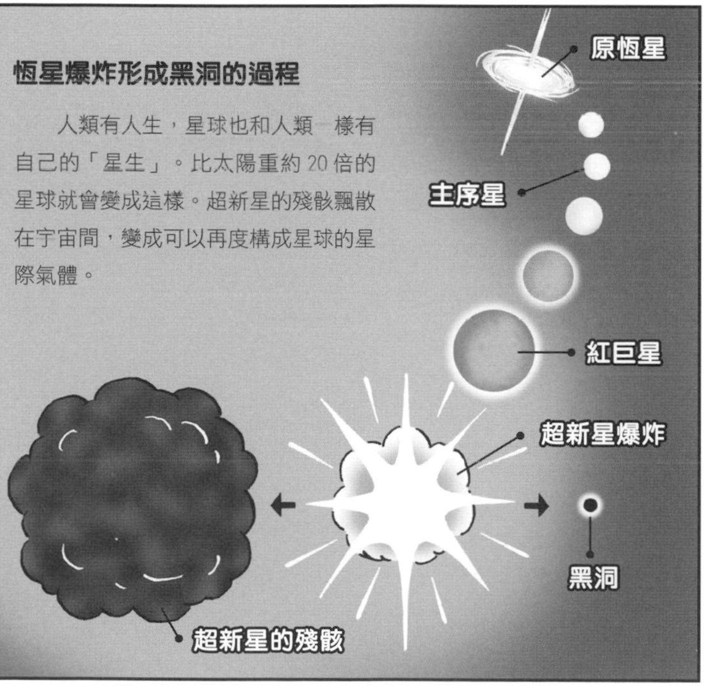

在黑暗的宇宙裡能夠找到黑漆漆的黑洞嗎？

前面提過許多次，光掉進黑洞後是無法逃出來的。也就是說，黑洞是黑漆漆，完全沒有光線的。那麼，我們該如何在一片漆黑的宇宙裡知道哪裡有黑洞呢？既然黑洞不會發光，是不是只要找尋宇宙中最暗的地方就行了？問題是，黑洞很小，假設有個黑洞與太陽等重，而太陽的直徑是一百四十萬公里的話，黑洞的直徑就只有六公里。

事實上，即使宇宙裡有黑洞，如果其附近沒有其他東西，也就無法發現。最早被發現的黑洞「天鵝座X－1」就是因為旁邊有一顆巨型星球，而該星球的氣體正在流入黑洞中。在這股強烈的氣流中，氣體釋放出大量的X射線。而能夠如此劇烈吸入氣體的也只有黑洞了。人類就是利用這種方式確認那裡有看不見的黑洞存在。

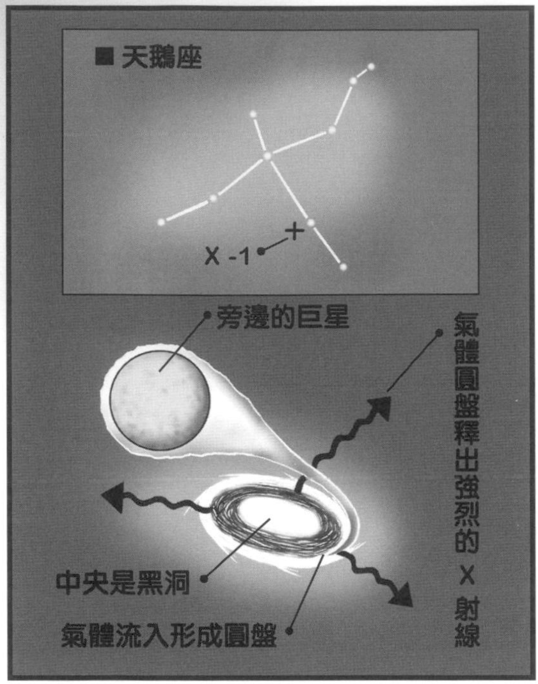

■ 天鵝座
X -1
旁邊的巨星
氣體圓盤釋出強烈的X射線
中央是黑洞
氣體流入形成圓盤

特別專欄

預言黑洞存在的相對論

德國出生的科學家愛因斯坦，在 1915 年發表了廣義的相對論。這個理論歸納了時間、空間與重力的關係。而提到也許有黑洞存在的人，正是延續這項理論繼續進行研究的德國與美國科學家。

一開始就連提出相對論的愛因斯坦也認為，不可能存在黑洞那麼奇怪的天體。但是在 1970 年代，X 射線天文衛星「自由號」發現了釋放強烈 X 射線的天鵝座 X-1，證實了黑洞真的存在。

宇宙中最明亮的天體其實是黑洞？

星系中央的黑洞吸入氣體後發光！

底下的照片是稱為「類星體」（縮寫QSO）的天體，它是宇宙中最明亮的天體之一，比一般星系明亮一倍到一百倍，數量稀少，在一萬個普通星系中，最多只能夠找到一、兩個。

但是，類星體這麼明亮的原因竟是因為黑洞。黑洞因為重力太大，光無法逃出來，因此照理說應該是最黑暗的地方，現在卻成了全宇宙光芒最耀眼的地方，究竟是為什麼？

黑洞大致上可以分成兩種，一種是重量比太陽重的超新星爆炸之後所產生的黑洞，另一種則是位在遙遠宇宙大型星系中心的黑洞。如果將這兩種黑洞的重量做比較，超新星爆炸所產生的黑洞重量大約是太陽的十倍，而星系中心的巨型黑洞重量則是太陽的一百萬至十億倍之多。

這種巨型黑洞一年可吸入太陽重量十分之一到一百分之一的氣體。若是形成類星體，一年則會吸入相當於一顆太陽重的氣體。流進巨型黑洞的氣體，互相摩擦達到攝氏數百萬度至數千萬度，並釋放出強烈的X射線與電磁波而發光。也就是說，這個光芒是氣體落入黑洞時的死前吶喊。

星系中心若有巨型黑洞，黑洞會因吸入氣體而明亮，這種星系中心區域就稱為「活躍星系核」（AGN），而擁有這種核心的星系則稱為「活躍星系」。順帶一提，星系中央的巨型黑洞是如何產生的，目前仍不得而知。

▼類星體。星星的集合體，但是因為太過明亮，因此看來像是一顆星星。

出處／Nasa, ESA, and G. Canalizo(University of California, Riverside)

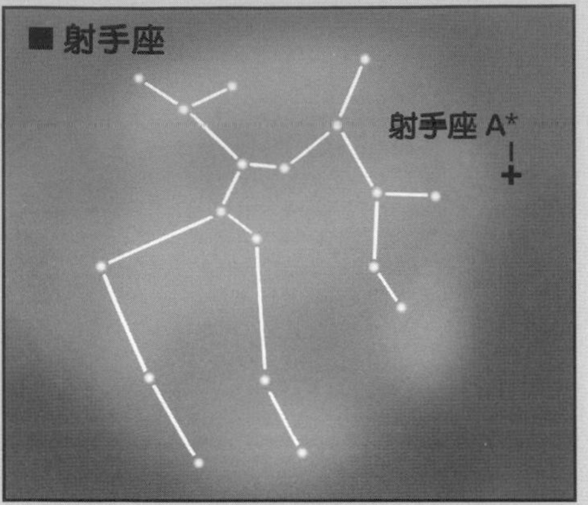

▲ 從地球上觀看的話，我們所在的銀河系中心就位在射手座的方向。銀河系的中心因而也被稱為「射手座 A*」，無論用可見光或紅外線攝影都拍不到任何東西，不過這地區正在釋放強烈的無線電波和 X 射線，是一個質量達太陽 300 萬倍的黑洞。

我們所在的星系中央也有超巨大的黑洞！

若有人因為我們所在的星系中央沒有巨型黑洞而感到慶幸，一點也不奇怪。

但這樣的想法其實是錯的。事實上，目前已知我們所在的星系中央也有一個巨型黑洞，不過它被稱為「低光度活躍星系核」，被其中央巨型黑洞吸入的氣體也遠遠比不上類星體。也就是說，它是燃料用盡、鮮少活動的黑洞。

位在星系中央的黑洞，它的活躍時期，大約是星系形成後的一億年間，之後就會因為吸入的東西變少而進入休眠期。全宇宙的星系核心大約有三分之一都屬於低光度活躍星系核。

進入休眠狀態的星系核會醒來嗎？我們的星系正在不停的靠近隔壁的仙女座星系，據估算，數十億年之後就會相撞，或許到時候這個黑洞就會再度醒來。

特別專欄

另一種活躍星系——星暴星系

活耀星系所產生的強光、電磁波與 X 射線，並不是全部都和黑洞有關。另一個人類已知的活躍星系是「星暴星系」（starburst galaxy）。

普通星系裡的恆星是一點一點的誕生。比方說，我們所在的銀河系，一年會有 3 顆像太陽那麼重的氣體形成新的恆星，但星暴星系一年則有 1000 顆太陽重的氣體會變成恆星。

因此，星暴星系也被稱為「星遽增星系」。

散步到月球

咦？怎麼了!?
三更半夜不睡覺。
我睡不著……
我在想很多關於人生的事情……
人生？
既然出生在這世上，
我想在歷史留名。
完成沒人做過的創舉……

穿越宇宙時光機Q&A

Q 歷經太空飛行回到地球的青鱂魚怎麼了？ ①沒有改變 ②無法好好游泳 ③比之前游得更好

A ②無法好好游泳。一九九四年從太空回到地球的青鱂魚趴在水槽底部，等到習慣重力後，才能一如往常的游泳。

穿越宇宙時光機Q&A

Q 至目前為止，國際太空站（ISS）最多曾 次搭載多少人？ ①6人 ②10人 ③13人

不必刻意勉強，每晚只走三小時就好。
假設一小時走五公里，一天就能走十五公里。
走完之後，再用任意門回來睡覺。
隔天再繼續走。總有一天會走到月球。
三十八萬公里除以十五，
嗯……嗯……
兩萬五千三百二十三天。
大概要花七十年。
對吧！
只要我活得夠久，說不定辦得到。
我要走！我要成為世界第一個徒步旅行月球的人!!
你會長命百歲的。
能聽你這麼說真是欣慰。
月亮出來了，出發！
把「任意門」放在「四次元口袋」裡借我。

A ③13人。長期滯留國際太空站的人員最多是6名。後來有7名太空人搭乘太空梭抵達，因此最高紀錄是13人。

Q 無法在太空中順利孵化的動物是下列何者？①雞 ②青蛙 ③青鱂魚

A
①雞。小雞在雞蛋裡成長必須有重力。

※滑
休息一下。
對了!!
隨著月亮升起，
這條道路就會變成垂直的了!!
哇！哇！
※咚
你回來啦，真快。

月球究竟是什麼樣的星球？

月球是距離我們最近的天體，但月球的誕生至今仍是個謎

月球是唯一繞行地球的天體。像月球一樣繞著行星旋轉的星稱為「衛星」。

在研究美國阿波羅計畫所帶回來的月球石頭之後發現，月球也是在四十六億年前誕生的，與地球差不多，不過月球是如何誕生，尚未找到確切的答案。過去的研究中最有可能的主張有下列四種：

【捕獲説】月球在與地球截然不同的地方誕生。後來接近地球時，受到重力牽引而成為衛星。

【（地月同源）孿生説】在地球附近，與地球以同樣方式各自誕生。

【分裂説】地球自轉的離心力導致部分物質飛出去而形成。

【大碰撞説】地球剛誕生時，有一顆火星大小（直徑約是地球一半）的大型天體撞上地球，雙方的物質呈高溫飛散，在繞行地球的軌道上重新聚集形成月球。

其中最有力的說法就是第四項的「大碰撞説」。月球岩石的成分與地球的地函十分相似，再加上月球繞地球運動的特徵等，一般認為此種說法的可能性最大。

▼科學家認為月球是由地球與大型天體碰撞而形成。

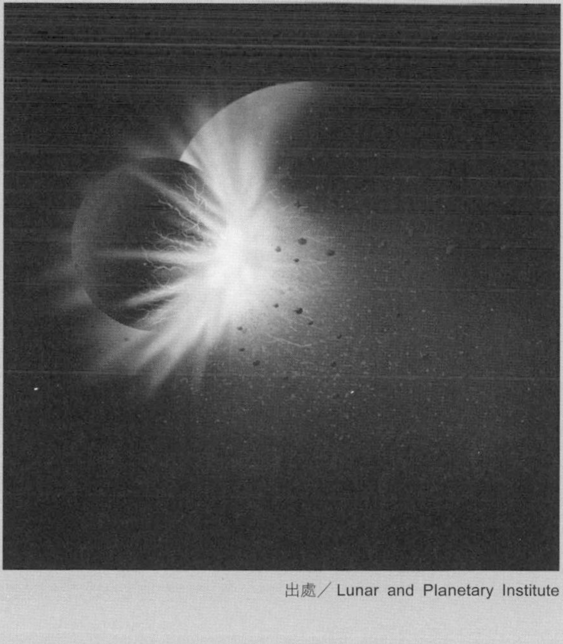

出處／Lunar and Planetary Institute

月球仍存在許多不可思議及不清楚的地方

月球是距離地球最近的天體，但仍有許多不清楚的奇妙之處。比方說，月球正面與背面的地形差異。月球繞行地球公轉的週期（27.32日）與月球自轉的週期相同，因此地球上永遠只能夠看見月球的同一面（正面）。月球正面有許多不太能反射光、看起來漆黑的地方，稱為「月海」，但背面幾乎沒有月海，大多都是明亮的高地及許多撞擊坑（隕石撞擊的痕跡），而且目前已知月球正面和背面的表層岩石及內部構造也不同。為什麼存在這種差異還不清楚。

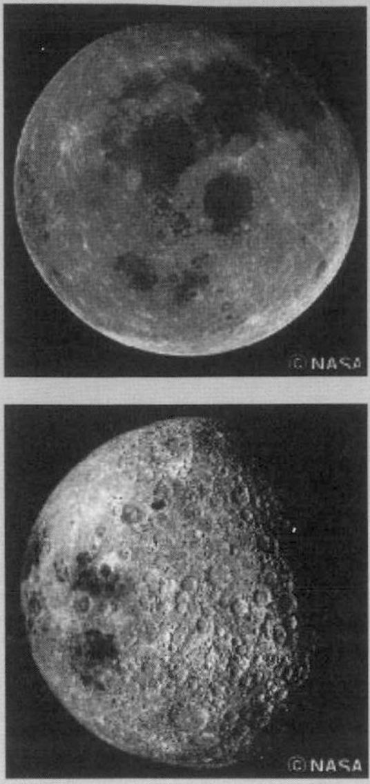

▲月球正面（上）與背面（下）的模樣大不相同。

出處／NASA

另外，太陽系最大的衛星雖然是木星的加尼米德（木衛三，直徑五千兩百六十八百公里），不過相對於木星來說，它只有木星的二十七分之一大，依比例來看相當小。第二大的土星衛星泰坦星也只有土星的二十三分之一。但是地球的衛星月球大小約占地球的四分之一，比例是太陽系中最大的（過去是僅次於冥王星的衛星凱倫星，但由於冥王星被降為矮行星，因此月球變成第一）。為什麼月球相對於母星地球的比例這麼大，也是月球不可思議的特色之一。

特別專欄

前往解開月球謎團的日本探測器輝夜姬號

為了解開月球之謎，日本於 2007 年 9 月以 H-IIA 火箭 13 號發射繞月衛星「輝夜姬號」（或稱月亮公主號），這是日本首次正式發射的月球探測器。

「輝夜姬號」配備高解析度攝影機及 14 種觀測儀器，一邊繞行月球，一邊調查月球的地形資料與岩石，進行地底結構、磁場分布、重力分布等觀測，藉此了解月球環境。「輝夜姬號」在 2009 年 6 月結束調查任務之前，建立了月球背面的重力分布圖以及全月球的詳細地形圖，留下諸多豐碩成果。

月球爲什麼繞著地球轉？

月球與地球因爲「萬有引力」而相互吸引牽制

像月球這樣繞著行星旋轉的天體稱為「衛星」。

話說回來，月球為什麼會繞著地球轉呢？解釋出這個現象的是十七世紀的英國科學家牛頓（Sir Isaac Newton）所想出的「萬有引力」。所有具質量的物體都有一股互相拉扯的作用力量，因此月球與地球互相牽制，並同時繞著彼此的質心轉動。但是地球比月球大，質量也約是月球的八十倍，因此在我們看來是月球繞著地球轉。

較大的地球牽引著月球，為什麼月球不會掉到地球上？事實上，月球經常想要往地球的橫向移動，但是在地球引力的影響下，月球變成逐漸靠近地球，這兩股動力作用的結果，使得月球繞著幾乎呈圓形的軌道，環繞地球旋轉。

地球到月球的距離大約是三十八萬五千公里，不過這個數字並非一直不變。目前已知因為地球自轉速度正以極小的比例減速，因此月球正以每年三點八公分的距離遠離地球。

▼月球以圓形軌道繞著地球轉。

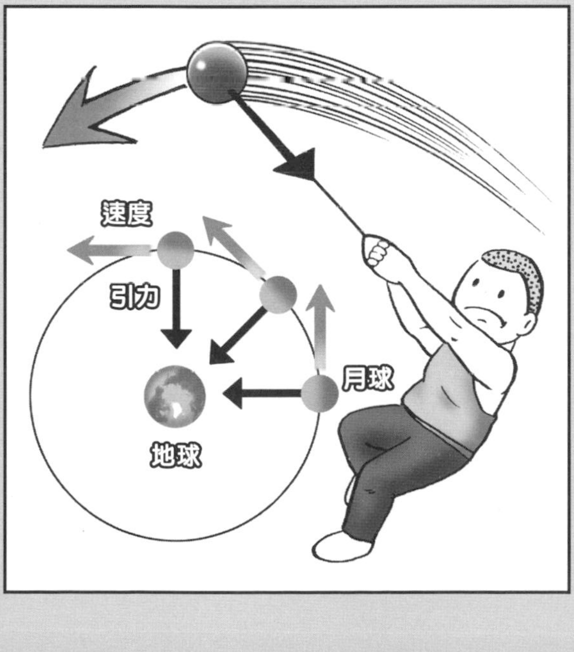

只要月球不停止轉動，就不會掉到地球上，不過宇宙空間裡有些東西是因為引力拉扯而掉到地球或月球上。宇宙空間中存在無數的塵埃、岩石碎片以及小天體，這些東西因為引力而變成流星或隕石。由於地球有大氣層（空氣），因此急速飛進地球的宇宙塵與空氣摩擦生熱，產生高溫發出明亮的光。其中大多數都在大氣層裡燃燒殆盡，不過較大的宇宙塵則會變成隕石落到地面上。

特別專欄

沒有大海的月球 為什麼有「海」的地名？

月球表面沒有海，卻取了「寧靜海」、「雨海」、「風暴洋」等地名。這些以「海」為名的地點都是看來較暗的地方，是過去隕石撞擊月球形成的巨大撞擊坑，這些撞擊坑裡是月球內部流出的岩漿形成的地形。

岩漿凝固後形成的岩石，含有較多的鐵等黑色與褐色礦物，因此看起來比高地地形暗。替月球表面地形命名是在 17 世紀中期，當時的科學家以為月球也和地球一樣有大海，因此將望遠鏡上看起來較比較暗的地方取名為「海」。

月球表面也有大大小小各式各樣隕石撞擊造成的「撞擊坑」，形成坑坑洞洞的模樣，其中大多數都是太陽系形成沒多久，距今約四十億至三十億年前的物質，當時一定也有許多隕石掉落到地球上。

「萬有引力」產生的月球引力也影響著地球

月球與地球互相牽引，表示月球引力也會給予地球某些影響。許多人都曾經在海邊看過，隨著時間海水會有漲潮與退潮的現象，而這樣的潮汐現象就是由月球對不同地點的引力所造成（太陽也有類似的引力影響，不過太陽距離地球很遠影響較小，因此一般認為潮汐主要是由月球所造成）。月球引力牽引著海面，面對月球的海域（包含正面與背面），海面高度（潮位）會升高，變成漲潮，其他海域則受到其影響而發生退潮。

人類認為，有些海洋生物能夠感應到潮汐變化。夏季大潮之日（漲退潮差距最大的日子）前後，珊瑚、東方鱟等會產卵，牠們的產卵時機正好配合月球的節奏。

人類能夠在月球上生活嗎？

月球的環境與地球大不同，對於人類來說難以生存

一九六九年七月，美國阿波羅十一號登陸月球表面的「寧靜海」，這是人類首次踏上地球以外的天體。之後過了四十年，阿波羅計畫結束後，人類便不再熱衷於探索月球。不過近年來，日本、美國、歐洲、中國、印度等國家紛紛再度投入月球探索。距離地球大約三十八萬公里的月球，是最靠近地球的天體，也將是人類進入太空時建立第一座基地的地方。月球代表著人類進入太空的第一步，因此再度受到矚目。

但根據目前為止的調查顯示，月球環境有許多地方與我們居住的地球截然不同。比方說，月球的重力約是地球的六分之一，大氣層（空氣）幾乎不存在，月球的一個月包括十四個白天和十四個夜晚，共有約二十八天。另外，月球赤道附近的溫度在白天約攝氏一百一十度，夜晚則是攝氏零下一百五十度，溫差相當驚人。在溫差相對較小的南北兩極，則大約是攝氏零下四十度至零下六十度。

地球因為有大氣層的作用而能夠維持較小的溫差，但是月球上幾乎沒有大氣層，因此白天非常熱，到了夜晚，那些熱氣跑到太空去，又變得十分寒冷。

水則是以冰的型態存在於月球的南極

▼不久的未來將能夠在月球表面打造這樣的基地。

出處／JAXA

和北極，不過根據二〇〇九年十一月美國NASA月球探測器「LCROSS」（Lunar Crater Observation and Sensing Satellite，全名「月球撞擊坑觀察與感測衛星」）進行的撞擊實驗，證實月球的南極附近確實有水存在。

另外，地球是藉由磁層和大氣層防止來自宇宙的輻射線及有害紫外線入侵，但是月球上並沒有這些防護，如果想要在月球表面活動的話，人體會暴露在危險的輻射線和紫外線之下。由此可知，月球是人類無法居住的地方。

儘管如此，建立月球基地仍是人類的夢想

月球與地球有些距離，而且有著人類居住不易的環境，儘管如此，為了能夠在月球上生活，人類仍然不斷進行許多探測與研究，估計大約三十年之後，就可以完成月球基地。為此科學家們必須想出方法，挖掘地面或利用天然洞窟，防止來自宇宙的輻射線，或者使用月球土壤製成水泥的技術等。

為了打造月球基地，科學家認為現在最重要的就是在月球上找到水。只要有水，就無須從地球運水，也能夠提煉氧氣或利用燃料電池發電。若是能夠找到水，月球基地計畫就可以大幅前進了。

幾乎沒有大氣層的月球，十分適合當作觀測宇宙的場所，也便於觀測地球。此外，現在地球的人口激增，造成食物和資源不足等各式各樣的問題。為了能夠解決這些問題，方法之一就是要進行宇宙開發，而月球基地正是人類的夢想。

特別專欄

月球表面遍布難搞的沙子

未來人類打造月球基地，在月球表面活動時，將會遭遇的一大問題就是月球的沙子。

月球表面覆蓋了一層稱為「表岩屑」的極細沙子，比1公釐更細小，類似粉塵。地球上的細沙因為風和水的作用磨去了銳角，最後化為土壤，或是堆積在海底形成沉積岩；但是在月球上，這些沙子仍然保有碎裂時的銳角，堆積在月球表面上。

這些沙子如果被帶進月球基地，經由呼吸進入肺部，就會像石綿一樣損害人體健康。

私人衛星

啊～～有幽浮！
昨天晚上看到的。
從東向西飛過，
一定是幽浮沒錯。
大雄，你沒看早上的報紙嗎？
那是俄羅斯的人造衛星墜落。
電視新聞也有報導啊。
原來如此……
笨蛋～!!

Q 日本太空人在國際太空站裡感到有點困擾的是？ ①覺得冷 ②覺得熱 ③覺得悶溼

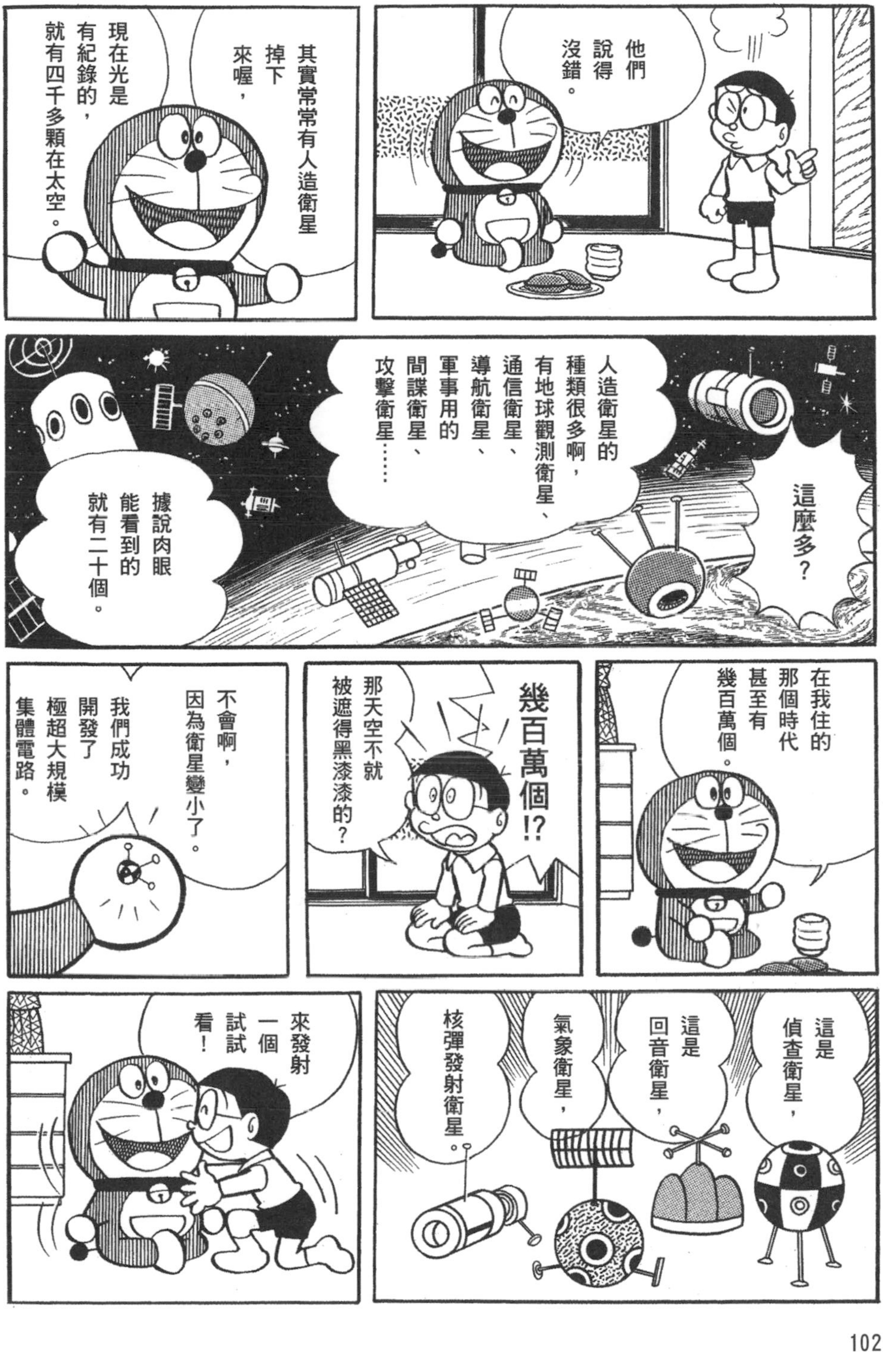
他們說得沒錯。
其實常常有人造衛星掉下來喔，
現在光是有紀錄的，就有四千多顆在太空。
這麼多？
人造衛星的種類很多啊，有地球觀測衛星、通信衛星、導航衛星、軍事用的間諜衛星、攻擊衛星……
據說肉眼能看到的就有二十個。
在我住的那個時代甚至有幾百萬個。
幾百萬個!?
那天空不就被遮得黑漆漆的？
不會啊，因為衛星變小了。
我們成功開發了極超大規模集體電路。
這是偵查衛星，
這是回音衛星，
氣象衛星，
核彈發射衛星。
來發射一個試試看！

A

①覺得冷。國際太空站的氣溫通常維持在攝氏18度～27度，溼度25%～70%，但這個溫溼度對日本人來說似乎有點冷。

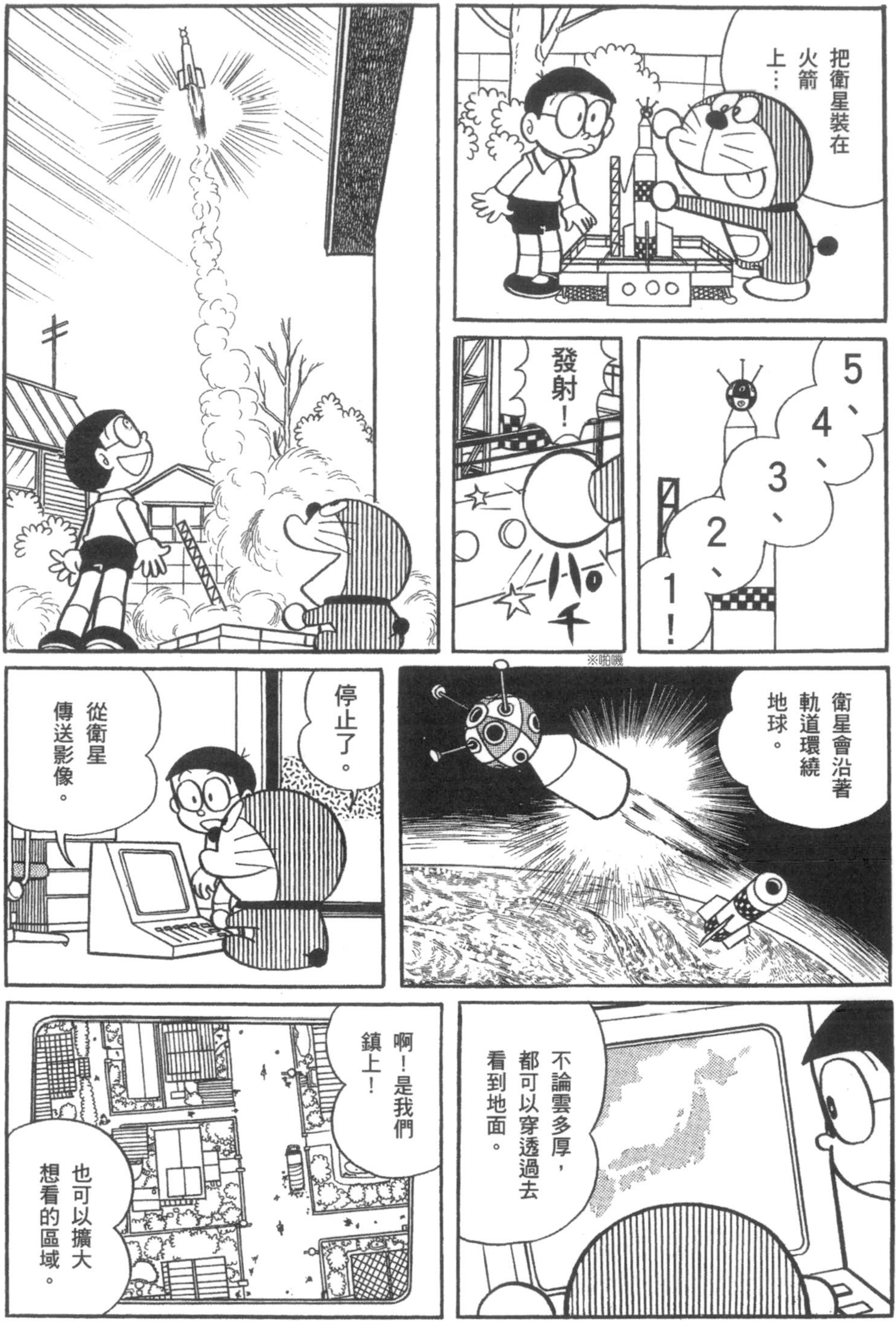
把衛星裝在火箭上…
5、4、3、2、1！
發射！
※啪嘰
衛星會沿著軌道環繞地球。
停止了。
從衛星傳送影像。
不論雲多厚，都可以穿透過去看到地面。
啊！是我們鎮上！
也可以擴大想看的區域。

穿越宇宙時光機Q&A

Q 繞月衛星「輝夜姬號」拍攝到的阿波羅號太空船登月痕跡，是來自第幾號？

① 10
② 13
③ 15

你們說誰笨蛋！
馬屁小老鼠跟音癡大猩猩！
?
?
?
可惡！是大雄的聲音！
被發現了。
看別的地方。
對了，靜香在幹嘛？
在看漫畫。
好像很有趣。
靜香妳的頭擋到了，偏過去一點。
這頁我看完了，快翻下頁。
鬼啊！
哈哈哈。

A ③15號。阿波羅15號是阿波羅計畫中第4個登陸月球的任務。這是阿波羅計畫結束後，世界上首次確認其登月痕跡。

Q 目前能看到的天體中，最遠的位在幾光年外？①91億 ②111億 ③131億

A ③131億光年。二〇〇九年四月，日本國立天文臺岡山天體物理觀測所成功捕捉到位在131億光年遠的天體所發出的光芒。

穿越宇宙時光機Q&A

Q 極光環繞北極與南極發光。極光的光真的與太陽有關嗎？

A 真的。太陽提供給地球的除了陽光之外，還有帶電的電漿。電漿被地球磁場導向南北極，碰到兩極的大氣層就會產生極光。

※擊中

火箭與飛機的差別在哪裡？

把衛星裝在火箭上…

火箭可以飛進太空，飛機只能夠在大氣層內飛行

所謂的火箭，是指裝置了火箭引擎負責運送器材、物資，甚至是人類前往太空的發射系統。火箭燃燒大量的燃料和氧氣（氧化劑），靠著火箭引擎燃燒燃料噴出氣體的力量（推力）飛向太空。

如果想要將人造衛星和太空人送進太空，就一定需要用到火箭。

而飛機（噴射機）與火箭究竟哪裡不同？最大的不同在於火箭是單靠引擎的推力抵抗重力往上升，而飛機則是為了能夠在水平方向移動，利用推力製造氣流，同時再利用往上捧起機翼的空氣力量（升力）在空中飛行。另外，飛機和火箭一樣會「丟掉」東西，藉此產生反作用力而前進。不過，火箭是將燃料和氧氣一同擺在機體內，飛機則只載燃料，燃料中需要用到的氧氣則由大氣層中取得，因此火箭能夠飛進沒有氧氣的太空裡，而飛機只能夠在有氧氣的大氣層中飛行。但是，飛機能夠多次起飛、著陸；相反的，火箭發射一次後，任務就結束了（也有些輔助火箭是用來發射太空梭，因此可回收再利用）。

◀世界主要的火箭。世界各國耗費大量預算才開發出這些火箭，因此大多無法公開詳細的規格。與飛機不同的是，火箭機身主要都是放置燃料的空間。

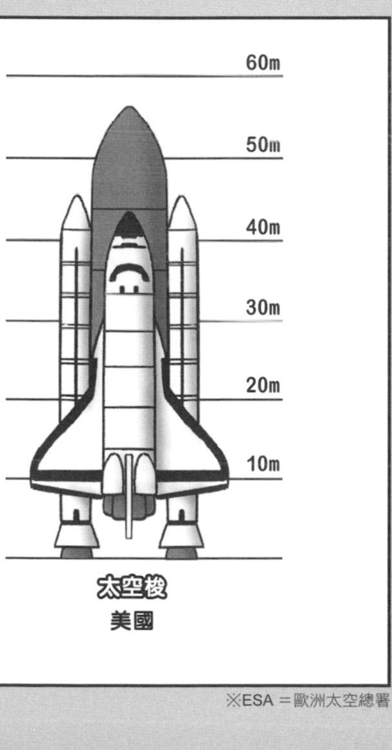
60m
50m
40m
30m
20m
10m
太空梭
美國

※ESA＝歐洲太空總署

火箭技術進步的同時，也是太空發展的起步

現代火箭起源於第二次世界大戰，由德國技師華納·馮·布朗（Wernher von Braun）開發的V2火箭。當時被當作飛彈武器使用，但是戰後美國與蘇聯（現在的俄羅斯）根據這項技術為基礎，開發了航太發展使用的火箭。

世界首次利用火箭發射人造衛星的國家是前蘇聯。一九五七年，他們使用為了軍事用途而開發的R7火箭，成功將人造衛星「史波尼克一號」（又稱「衛星一號」）送上太空。更進一步在一九六一年，以「東方一號」成功完成世界首次載人進入太空的任務。

被前蘇聯超越的美國於一九五八年，以朱諾一號運載火箭發射第一顆「探險者一號」人造衛星。一九六二年利用擎天神運載火箭發射「水星六號」，成功載人繞行地球。後來美蘇兩國持續在航太發展上激烈競爭，並開發火箭技術。順帶一提，第三個成功載人飛進太空的國家是中國。二〇〇三年，長征號火箭成功將「神舟五號」太空船送上太空。

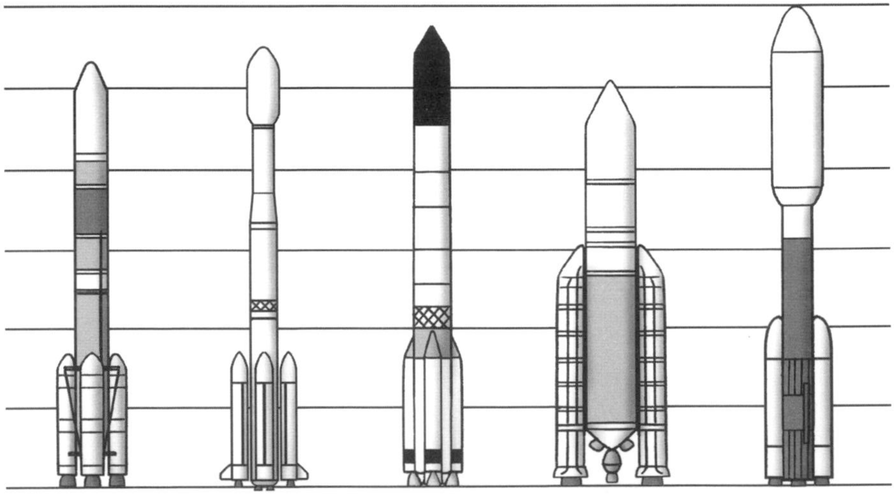

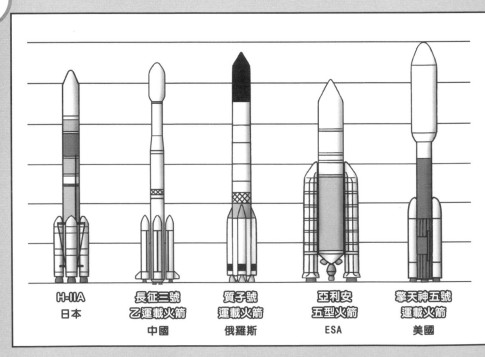

攻擊衛星……
據說肉眼能看到的就有二十個。

數千顆人造衛星繞行在地球四周

前蘇聯於一九五七年領先全球、首次成功發射史波尼克一號之後，到目前為止，世界各國發射的人造衛星數量統計超過六千顆（二〇〇九年三月的資料）。其中有一半墜毀或回收，儘管如此，仍有三千顆以上的人造衛星目前正繞著地球旋轉。

人造衛星的工作形形色色，主要分為下列幾種：轉送通訊、直播電波的通訊及直播衛星；進行氣象觀測、地理測量、地球環境觀測等的地球觀測衛星；對地球以外的行星與星系等宇宙空間，進行天文觀測的科學衛星；在太空裡使用新技術、進行工學實驗的技術實驗衛星；以GPS（全球定位系統）為人所知，用於衛星導航上的航行導航衛星；除此之外，還有稱為偵查衛星、殺手衛星等軍事用途的軍事衛星（據說此類衛星實際上發射的數量最多，不過功能幾乎都是祕密）等。太空站和太空梭等太空船也繞行地球軌道，不過這些多半不稱為人造衛星。

此外，人造衛星主要是繞行地球，繞行月球等其他行星的機器則稱為探測器（可參考第一五四至一五九頁）。

▼在高度約600公里的太空中進行天文觀測的美國哈伯太空望遠鏡。

出處／NASA

人造衛星根據不同的目的，有不同的軌道高度、繞行方向及角度（相對於赤道的角度）。舉例來說，通訊衛星等必須從高度較低的地方發送強烈電波到地面上，因此多半繞行在靠近地球的低軌道上。相反的，必須一直停留在

相同位置的人造衛星，則是待在與地球同樣二十四小時繞行一圈，赤道上空約三萬六千公里的地球同步軌道（靜止軌道）上。地球觀測衛星等為了觀測地球上各式各樣的場所，因此是稍微偏離軌道，並且在地球上空盤旋。

日本是全球第四個成功發射人造衛星的國家

我們日常生活中經常會接觸到電視衛星轉播、BS／CS（小耳朵）播送，甚至國際電話、汽車導航系統等服務之中，有許多與人造衛星有關，每日的氣象預報也必須仰賴氣象衛星傳送數據。現在人造衛星在社會上、經濟上肩負著重責大任。

因此有越來越多國家和企業希望擁有人造衛星。但是發射人造衛星必須具備高度的火箭技術，現在能夠自行發射人造衛星的國家只有美國、俄羅斯等十國，許多情況是必須委託這些國家協助發射衛星。另外，美國已經出現協助將火箭送上軌道的民間企業。

日本是全世界少數幾個擁有火箭發射技術的國家之一。一九七〇年，日本利用小型L－4S火箭成功發射第一顆人造衛星「大隅號」，成為繼美國、俄羅斯、法國之後，全球第四個發射人造衛星的國家。雖然「大隅號」傳送的電波在十五小時左右就中止，不過它在距離地面最遠五千一百四十公里，最近三百五十公里的橢圓形軌道上持續繞行地球三十三年，直到二〇〇三年掉入大氣層燒毀。之後，日本的火箭技術大幅進步，目前為止已經發射超過八十次火箭，有百分之八十五以上的成功率，擁有世界最高水準的技術（二〇一〇年五月的資料）。

▼為了開發人造衛星最新技術而發射的日本技術測試衛星「菊花八號」。

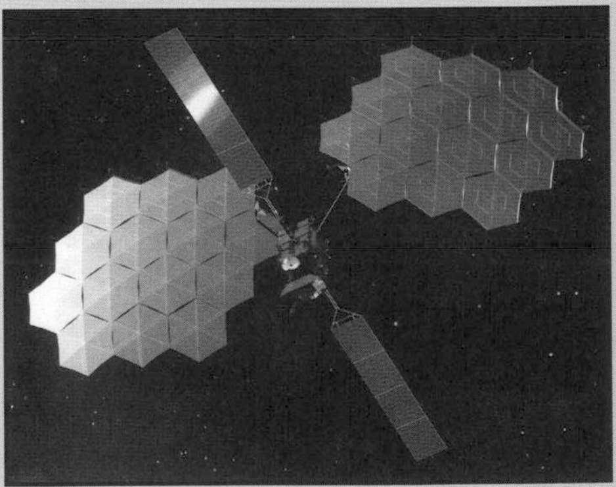

出處／JAXA

開拓新時代通訊技術的日本人造衛星

過去全球發射的人造衛星中，除了軍事衛星之外，數量最多的就是通訊及直播衛星。

日本首次利用美國的通訊衛星進行衛星直播是在一九六三年十一月，很不幸的，當時傳送過來的內容，就是時任美國總統甘迺迪遭到暗殺的畫面。接著在十四年後的一九七七年，日本首次發射實驗直播衛星「櫻花號」。一九八三年，日本成功發射「櫻花二號」，開始日本的衛星通訊服務。

日本後來也發射了諸多通訊及直播衛星，如「百合號」、「菊花號」、「吊橋號」等，在通訊技術的開發上貢獻良多。時至今日，隨著超高速網路衛星「絆」、數據中繼技術衛星「兒玉號」、技術測試衛星「菊花八號」等的發射，開啟了太空基礎設備（資訊基礎設備）的研究與實驗，也建立了新時代的通訊技術。

▲連接太空與地面網絡，進行超高速、大容量通訊技術實驗的超高速網路衛星「絆」。

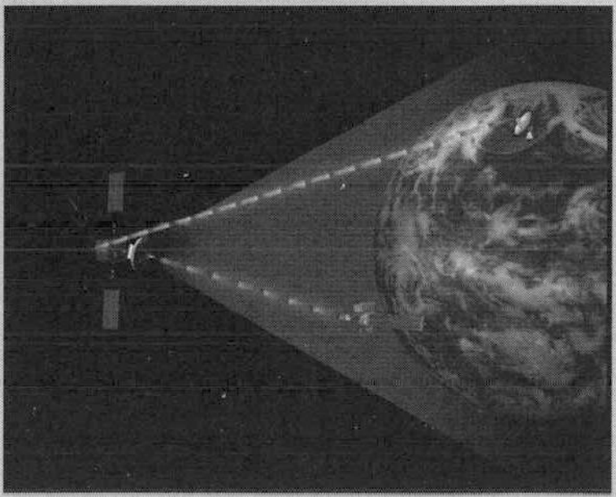

▶人造衛星資料的中繼站。負責將資料傳送到地面的數據中繼技術衛星「兒玉號」。

出處／JAXA

特別專欄　汽車導航也利用美國的GPS衛星

GPS（Global Positioning System，全球定位系統）是機器接收GPS衛星傳來的無線電波，藉此得到正確位置資訊的系統。裝在汽車上用來指引目前所在位置或前往目的地之路線的汽車導航，也是使用此系統。

這個GPS系統使用的是美國發射的GPS衛星。現在大約有30顆，繞行距離地面高度約2萬公里的軌道旋轉。每顆衛星持續發送高精確度的時間資訊及軌道資訊。接收3顆以上的衛星資訊，計算與衛星之間的距離，就能夠得知目前的所在位置。

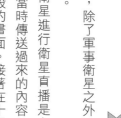

用間諜衛星追蹤

パッ
※啪
怎麼搞的？從剛才開始，總覺得好像有隻蟲子一直在我身邊繞來繞去……
是我想太多了嗎？
叮咚～叮咚～
請問是哪位？
可惡！又是惡作劇!!
到底是誰每天都來搗蛋啊!?

穿越宇宙時光機Q&A

Q

據說在太空中不能吃生菜、水果等生鮮食物，這是真的嗎？

果然如我所料。
犯人就是小夫！
拍到照片了嗎？
非常清楚呢！
最近經過那邊的小朋友常被誤會，大家都很困擾，你別再這樣惡作劇了。
你在說什麼？我哪會做那麼無聊、卑鄙的惡作劇啊！
你要是再惡作劇，我就把這張照片拿給阿姨看。
真好玩耶！
這個「間諜衛星」幫了個大忙。
只要讓它上軌道，就可以觀察對方的所有動態。

A 假的。過去不能帶生菜、水果等進入太空，現在已經可以了。不過很容易腐壞，必須盡早吃完。

也對其他人派遣衛星吧。
又來了……馬上就得寸進尺了。
我不答應。偷窺他人的生活……
是很差勁的行為。
我不會再借你了！
スポ
我早就偷偷的…
在上面綁上一條釣魚線了。
這裡面……
總共有一打的間諜衛星呢！
※嘶啵

穿越宇宙時光機Q&A

Q 下列哪些是在國際太空站上可以做的事情？①演奏樂器 ②踢足球 ③跳舞

A 全都可以。這些都是太空人在國際太空站裡做過的事情。也可以一邊看電影一邊從窗戶觀賞地球。

Q 下列哪一項是實際開發出來並使用的東西？①太空襪 ②太空內衣 ③太空眼鏡

我把一打衛星都安裝在朋友周圍了。
這樣那十二個人，就都有「間諜衛星」在環繞了。
這麼一來，不管他們在何時何地做了哪些事……
我都能夠一清二楚了！
好，先來看其中一人吧。
咦？
黑漆漆……
故障了嗎？
喔……
哈哈哈。
原來是衛星太靠近他的臉了。
只要把軌道的直徑擴大……
這樣就可以了。

撿到錢包了耶！
※噠噠
ダッ
你應該把錢包交到警察局才對！
你怎麼知道的!?
下個來看靜香吧！
把軌道範圍擴大。
哇啊！
靜香還真愛洗澡呢！
不過她本來就很愛乾淨，這樣會不會太過頭了啊？
好像又變胖了。
最近還是少吃點飯好了。
我看不會啊。

A ②太空內衣。業者開發出能夠吸收體味來源的阿摩尼亞等物質，並可分解雜菌的內衣，供太空人在太空中使用。

※電話聲
ジリリ
靜香，妳並不胖啊，可以放心吃飯啦！
來看下一個吧。
是胖虎。
他還在練歌啊。
好，今天就練習到這邊為止。
明天就是重頭戲了。
從星期日的早上到晚上，
中間只休息兩次，連續不斷的個人秀！
我已經暗中準備很久了，
等一下發表時，大家一定會很高興的！
※驚訝

穿越宇宙時光機Q&A

Q 人造衛星的太陽能板設計成可以瞬間張開，這種折疊方式稱為什麼？

A 三浦式折疊法。由東京大學名譽教授三浦公亮發明的折疊方式，也用在紙本地圖等的折疊上。

開什麼玩笑
啊!?
那種噪音汙染，聽一整天可是會死人的耶！
得快去告訴大家才行。
沒錯！大雄那傢伙……
一定又向哆啦A夢借了什麼道具……
然後用來監視我們的一舉一動。
如果真的是這樣，就不能原諒他！
居然偷窺別人的生活！
可是目前沒有證據……
現在不能去找哆啦A夢商量…
真傷腦筋。

穿越宇宙時光機Q&A

Q 國際太空站是以何處的時間為依據？①休士頓 ②格林威治 ③莫斯科

A ②格林威治。國際太空站的任務與全世界的人類有關係，因此採用格林威治標準時間。

胖虎！
立刻取消個人演唱會！
什麼——!?
是誰？給我出來!!
我是正義的一方。
你不取消的話……
我就把你剛剛撒謊的事情……
告訴你媽媽喔!!
什麼嘛～我好不容易幫他們化解危機，他們卻一點也不知道感恩!!
？

為何要利用人造衛星調查地球和宇宙？

了嗎？
非常清楚呢！

在地面上看不見地球的模樣，從太空就能看得一清二楚

據說最近因為地球暖化，北極的海冰減少了！若是利用船或飛機去調查是否真的減少，必須花費許多時間和力氣，但使用人造衛星從太空拍攝的話，一眼就能夠看出結果。利用搭載感應器的人造衛星捕捉可見光、紫外線、紅外線、微波等電磁波，從遠處觀測陸地上或海面上難以看出的地球樣貌，這種做法稱為「遙測」（Remote Sensing），而被運用在這類觀測方式的人造衛星，則稱為「地球觀測衛星」。

日本的氣象預報是透過氣象衛星「向日葵號」觀測雲的動向。向日葵號也是屬於地球觀測衛星之一。事實上，「向日葵一號」是日本第一顆地球觀測衛星，於一九七七年利用美國的火箭發射升空。現在已經到向日葵七號。它持續從赤道上、東經一百四十五度、約三萬六千公里高空的靜止軌道上，觀測日本及其四周，並傳送數據。

其他還有溫室效應氣體觀測技術衛星「息吹號」（GOSAT）、陸地觀測技術衛星「大地號」（ALOS）、熱帶降雨觀測衛星「TRMM」（日美共同策劃）、小型高機能科學衛星「黎明號」（INDEX）、極光觀測衛星「曙光號」（EXOS-D）等日本的地球觀測衛星，以及各國發射的人造衛星，正從太空對地球進行觀測，協助氣象觀測、地圖繪製、植物分布觀測、海面溫度等海洋觀測、火山活動與災害發生地區的調查等。

▼協助地圖繪製與地球環境觀測的陸地觀測技術衛星「大地號」。

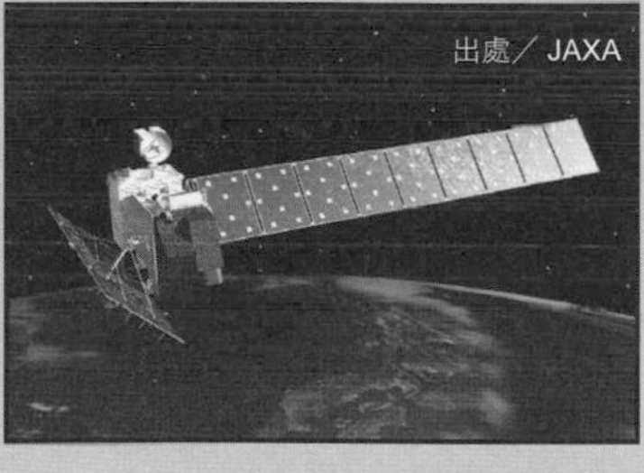
出處／JAXA

▼致力於解開太陽活動謎團的太陽觀測衛星「日出號」。

出處／NASA/GSFC/C. Meaney

飛出地球的天文臺：利用天文觀測衛星觀測太空

除了觀測地球之外還有觀測宇宙的人造衛星，也就是天文觀測衛星。地面上的天文望遠鏡無論如何都會受到大氣擾動的影響，但若是由發射至太空的人造衛星進行觀測，遙遠宇宙的模樣也能看得一清二楚。此外，若是從太空中觀測，原本因為大氣層干擾而無法從地面上觀測的短波長伽馬射線、X射線、紫外線、紅外線等電磁波，也能夠捕捉到。

大約自一九七〇年代起，科學家發射了許多天文觀測衛星，其中最有名的就是美國的哈伯太空望遠鏡。哈伯太空望遠鏡是一九九〇年由發現號太空梭送上太空，在高度約六百公里的軌道上繞行並進行天文觀測，在幾乎沒有星球的天空區，拍攝遙遠宇宙裡超過一千五百個以上的星系，所拍攝的這些哈伯超深空影像（Hubble Ultra Deep Field, HUDF），對宇宙研究貢獻良多。目前為止雖然經過多次維修，不過仍然能夠持續提供精彩的宇宙空間影像。

目前日本也有三顆天文觀測衛星活躍著。高感應、高精密的X射線天文衛星「朱雀」能夠觀測波長範圍較廣的X射線，成功捕捉黑洞等高溫、高能量的現象。

日本第一顆紅外線天文衛星「光明號」能夠看見釋放紅外線、剛誕生的恆星、行星系、星系等。透過「光明號」的觀測，可根據不同天體釋放出來的紅外線繪製宇宙地圖，看看銀河系的哪裡誕生了多少顆星星。太陽觀測衛星「日出號」則配備了可見光、X射線、紫外線等三架望遠鏡，可用以觀測太陽表面劇烈活動的各種現象。

特別專欄

宇宙的環境問題：太空垃圾

人類不斷進行太空開發的同時，也產生很大的問題，就是太空垃圾。過去世界各國發射的人造衛星有6000顆以上，其中大約有一半已經停止運作，多數是掉進大氣層裡燒毀，不過仍有不少殘骸殘留在太空裡。另外還有發射衛星時使用的火箭碎片、太空人掉落的工具等，在較低的衛星軌道上以每秒7～8公里的速度移動。

據統計，這個數量目前已經超過1萬個，2009年甚至發生老舊人造衛星撞上美國通訊衛星的意外。

太空站在太空裡做些什麼？

太空站是進行宇宙開發所使用的載人研究設施

太空站是提供長期派駐太空的太空人，為了能夠在太空中生活並進行醫學實驗或技術開發所設置的空間，另一方面也是為了在宇宙中進行各式各樣的科學研究，以及觀測地球和宇宙所建設的設施。設置在地球軌道上的太空站有別於載人的太空船，無法在太空中移動，也沒有能夠回到地球的設備，必須利用其他太空船載運人員及物資。

全世界第一座太空站是一九七一年由前蘇聯發射的「禮炮一號」。該太空站曾經與太空船「聯盟十一號」對接成功，並創下三名太空人在太空中停留超過三週的紀錄（很可惜在返回地球時發生意外，全員罹難）。禮炮號一直發射到七號，直到一九八六年才改由「和平號」太空站接手。和平號太空站上不斷增加系統設備（組件），直到二〇〇一年除役為止，一共約有

▼跨越國籍與人種，各國通力合作建造的國際太空站。

出處／JAXA

一百位太空人在那裡生活過，也創下人類連續派駐太空四百三十七天的紀錄。

一九七三年美國發射「天空實驗室一號」，成為全球第二個太空站。直到隔年為止，一共有三批、九位太空人停留，在觀測太陽活動上有不錯的成績，可惜太空站在一九七九年便掉入大氣圈內墜毀。

世界主要國家合力開發國際太空站

一九八四年，美國找來其他國家一同啟動國際太空站計畫。蘇聯瓦解後，決定由俄羅斯參與這項計畫，現在有美國、日本、加拿大、俄羅斯與歐洲各國等共十五個國家共同推動計畫。一九九八年發射國際太空站（ISS）的第一套結構組件（基本功能貨艙），其後分四十幾次運送組件，進行組裝至今，期待早日完工。日本負責開發的實驗艙「希望號」（日本第一座載人設施）也在二〇〇八年送上太空，隔年組裝完成。

國際太空站的大小約有一座足球場大，裡面的設施包含生活艙、五個實驗艙、太陽能面板等。從二〇〇〇年開始便有太空人派駐其上，目前採六人制，進行半年左右的長期派駐。二〇〇九年，若田光一是第一位進行長期派駐（約四個半月）的日本太空人，接著是太空人野口聰一，停留約五個半月。

國際太空站蓋在距離地面四百公里的高空中，以九十分鐘繞行一周的速度繞行地球，除了可進行天文觀測、地球觀測之外，也可以利用無重力、高真空等不同於地球表面的特殊太空環境，進行各種材料科學、生物科學等的實驗及研究。另外，太空醫學的研究與載人太空技術的開發也是重要的目標。

國際太空站可說是人類為了正式進入太空所踏出的第一步。善用這項經驗，未來將有機會開啟太空旅館、太空發電廠等太空建築的建造計畫。

▼設置在國際太空站上的日本實驗艙「希望號」，是日本第一座載人太空設施。

出處／JAXA

【太空人若田光一的特別專訪】

地球是飄浮在黑暗宇宙裡的綠洲

前蘇聯太空人尤里．加加林（Yuri Gagarin）創下人類首次成功飛進太空的紀錄，那是在一九六一年。直到今日，全世界已經有超過一千一百人曾經上過太空。但太空依舊不是人人都能前往的地方。太空究竟是什麼樣的地方呢？在此我們請教了曾經三次登上太空、並在國際太空站（ＩＳＳ）停留長達一百三十八天的太空人若田光一先生。

出處／NASA/JAXA

個人檔案 **若田光一**

1963 年埼玉縣出生。1989 年九州大學工學研究所應用力學碩士課程修畢後，進入日本航空。1992 年，參與 NASDA（現在的 JAXA）招募，獲選為後補太空人。1993 年，成為美國 NASA 認證的任務專家（Mission Specialist，簡稱 MS）。1996 年搭上奮進號太空梭，成為日本第一位任務專家。2000 年，以任務專家身分搭乘發現號太空梭參與國際太空站建造計畫。2004 年，九州大學工學院航空宇宙工學研究所博士課程修畢，成為工學博士。2009 年，成為第一位長期派駐在國際太空站的日本太空人，並完成希望號的組裝。2009 年，獲贈內閣總理大臣勳章。2014 年就任 NASA 的 ISS 國際太空站指揮官。

●進入太空後，會發生什麼狀況？

離開地球進入太空後，身體會輕飄飄的飛起來。雖然我們平常沒有感覺，不過待在地球上的時候，因為有地心引力拉住，我們才得以生活在地表。來到太空站上，不管是太空站本身或裡面的物品和太空人，也都會被地球拉住而經常要往地球的中心掉，但在此同時，因為太空站在軌道上前進著，相互抵消後的結果，就是物品和太空人不會直接掉到地面上。換句話說，無「微」重力環境是地球給予的萬有引力與太空船繞行地球產生的離心力相互抵消後的結果。在太空站上，所有物品會變得不似外觀上看起來那麼重，這個狀態稱為「微重力環境」或「無重力環境」。

所以物品和我們的身體在軌道上的太空站裡，都會變得輕飄飄的。

●還有什麼其他變化呢？

首先，進入太空後，臉部會浮腫。在地表時，體內的血液及體液受到地心引力拉扯，因此一旦來到軌道上的太空站裡，在無重力狀態下，血液、淋巴液等體液就不再像待在地表上那樣會受到引力往下拉，而是會移動到上半身造成臉部浮腫，有時看起來會比在地表上時更圓，這被稱作「月亮臉」。

另外，一旦處於無重力狀態下，脊椎的間隔也會稍微變大。人類的脊椎共有三十二塊，每塊的間隔如果只拉寬一公釐的話，整個人的身高也會增加三公分。因此只要待在太空裡，你的身高就會變得比平常高。還有，在無重力狀態下，有些人會發生頭痛、想吐，甚至嘔吐等「暈太空」的症狀。在適應太空的生活環境後，自然就會改善。

▼從「希望號」的窗口眺望地球的太空人若田。他是第一位長期派駐在國際太空站上的日本人。

出處／NASA/JAXA

●待在太空裡是否會對身體造成特殊負擔？

相較於待在地球時，待在太空裡並不會對身體造成特殊負擔，甚至可說因為少了重力的影響，待在太空裡反而沒有負擔。

長期滯留在太空裡一、兩個月後，人類就會完全適應那個環境了。在太空站的無重力環境下生活時，身體不像在有重力的地表上走路或跑步時一樣會用到肌肉，因此肌力會下降，骨質密度也會降低。為了克服這類生理上的問題，太空人每天必須依規定進行約兩個小時的運動。每天慢跑或進行肌力訓練等運動，也能夠幫助消除壓力，轉換心情。

▼2010年結束長期派駐國際太空站的太空人野口聰一（右），旁邊是太空人若田光一。

出處／JAXA

[Interview]

●待在太空裡有沒有什麼不方便的地方？

最大的不便就是無法洗澡吧！在太空站裡，水是相當珍貴的資源，無法大量用水，因此想要洗澡時，只能夠以溼毛巾擦澡。

吃飯已經有固定的材料和烹煮方式，不過菜單種類相當多。冷凍乾燥製成，只要加熱水就可吃的日本太空餐白飯，味道很像現煮的，很好吃。最近幾年，國際太空站的餐點菜單相當充實，在太空中也能夠嘗到咖哩、拉麵、湯、羊羹等日本食物。其中的鯖魚味噌煮還頗受外國太空人的喜愛呢！

出處／NASA/JAXA

▼太空餐是派駐國際太空站期間的樂趣。日本料理的太空餐也受到外國太空人的喜愛。

●從國際太空站上看到的地球是什麼模樣？

在太空裡看到的地球，就像飄浮在黑暗宇宙裡的綠洲。國際太空站大約每九十分鐘繞行地球一圈，因此大約每隔四十五分鐘就會變成白天或晚上。白天和晚上看到的地球印象截然不同；白天能夠清楚感受到大自然強大的力量；晚上則有令人印象深刻的都市燈光，可感覺到人類對地球環境的影響有多驚人。

從太空看到的地球沒有國界。我希望自己能夠提供一些貢獻，幫助人類前進太空，進而孕育出跨越國界的「地球人」價值觀與文化，學會保護地球環境。

藏寶星

穿越宇宙時光機Q&A

Q 日本首次發射的火箭叫什麼名字？ ① 鉛筆火箭 ② 吸管火箭 ③ 魔術火箭

嗚！
我的發財機會又消失一個了啦～
怎麼了？你到底在哭什麼啊？
你看電視新聞！
有人在學校後山發現寶藏了。
這些大小金幣加起來總共價值約有八十億圓，發現這些寶藏的花阪先生說：
「當初因為買不起太貴的土地，所以只好買下這片原為垃圾場的便宜土地，沒想到居然挖到寶藏，好像作夢一樣…」
真好……
問題是這個和你有什麼關係啊？
你聽我說嘛，
我這輩子最大的夢想就是能挖到寶藏。
好單調的夢想啊。

A

①鉛筆火箭。一九九五年四月十二日於東京國分寺發射。直徑1.8公分，全長23公分，相當迷你。

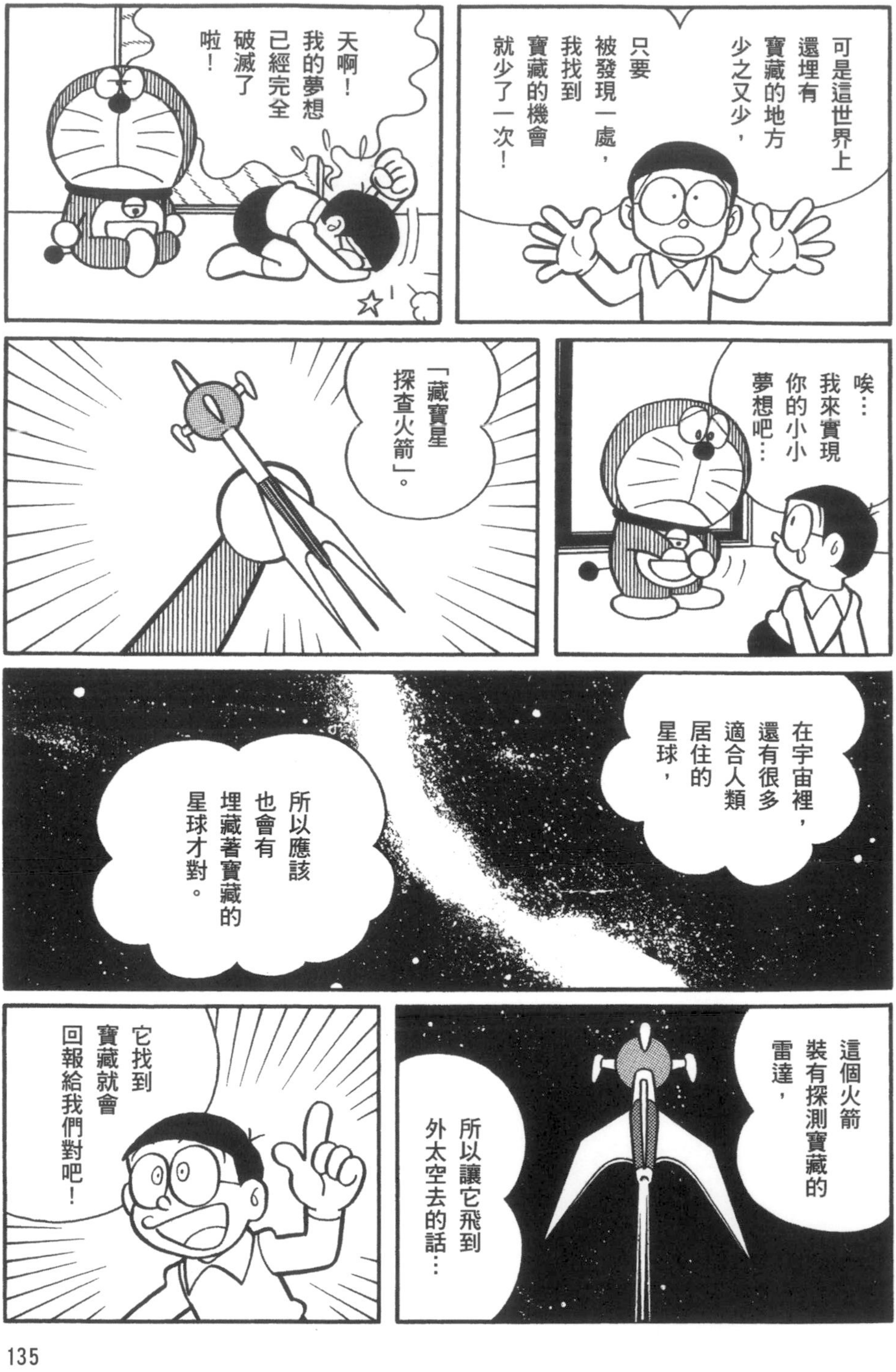

可是這世界上還埋有寶藏的地方少之又少，
只要被發現一處，我找到寶藏的機會就少了一次！
天啊！我的夢想已經完全破滅了啦！
唉……我來實現你的小小夢想吧……
「藏寶星探查火箭」。
在宇宙裡，還有很多適合人類居住的星球，
所以應該也會有埋藏著寶藏的星球才對。
這個火箭裝有探測寶藏的雷達，
所以讓它飛到外太空去的話……
它找到寶藏就會回報給我們對吧！

Q
據說國際太空站（ISS）的四周有空氣存在，真的嗎？

先別急，這可未必能找到寶藏，
因為火箭經過的星球，有可能一個寶藏也沒有。
宇宙是很廣大的，
要找到寶藏，可能比中樂透彩券還難呢！
那也無所謂！
反正那只是一個夢想罷了。
我只有三艘，
因為這個很貴。
發射!!
プシュー
※噗咻
如果有什麼消息，
這個回報機就會響。
宇宙的寶藏會值多少呢？
幾萬？還是幾億呢？
這個…很難說吧？

A 真的。國際太空站所在位置是地球上空350～400公里處，仍有地表一百萬分之一左右的空氣。

Q 據說看向遠處可看見宇宙過去的光，卻無法看到大霹靂時候的光，這是真的嗎？

A 真的。大霹靂發生後，宇宙有段時間維持在光無法直線前進的狀態，因此無法看到宇宙誕生那一刻到38萬年後這段時期的光。

穿越宇宙時光機Q&A

Q 可利用自身國內的技術發射火箭、人造衛星的國家有幾個？

①7個 ②8個 ③10個

A ③ 10個。俄羅斯、美國、法國、日本、中國、英國、印度、以色列、烏克蘭、伊朗等皆已發射成功。

※噗咻

超時空跳躍結束！
已經結束啦!?
接近目的地，切換成光子引擎吧！
接著要吃「內服太空裝」。
吃太空裝？
吃下去以後，你的皮膚就會像太空衣一樣。
我們到甲板上去看看吧。
怎麼樣？
哇…真美麗耶！

Q 汽車導航與行動電話使用的GPS衛星定位系統，需要幾顆以上的人造衛星？

① 20 ② 22 ③ 24

A ③24顆。為了在地球上任何地方均可使用，必須仰賴1條軌道上4顆、6條軌道上共24顆的衛星。實際使用數量超過30顆。

穿越宇宙時光機Q&A

Q 國際太空站上的確有下列哪一個廚房用品？①電烤箱 ②微波爐 ③果汁機

※碰
不會是玩具吧…
ボォ～
看到陸地了！
是小人國星球!?
宇宙裡本來就有各式各樣的生物，
所以有小人國也不足為奇。
我們還是趕快尋寶吧。
寶藏應該是往這個方向吧？
ピピピ
※嗶嗶嗶
找到火箭了！
這就是金銀島啊!!

A ①電烤箱。太空站是利用電烤箱加熱，或是以冷、熱水沖泡恢復太空餐後食用。

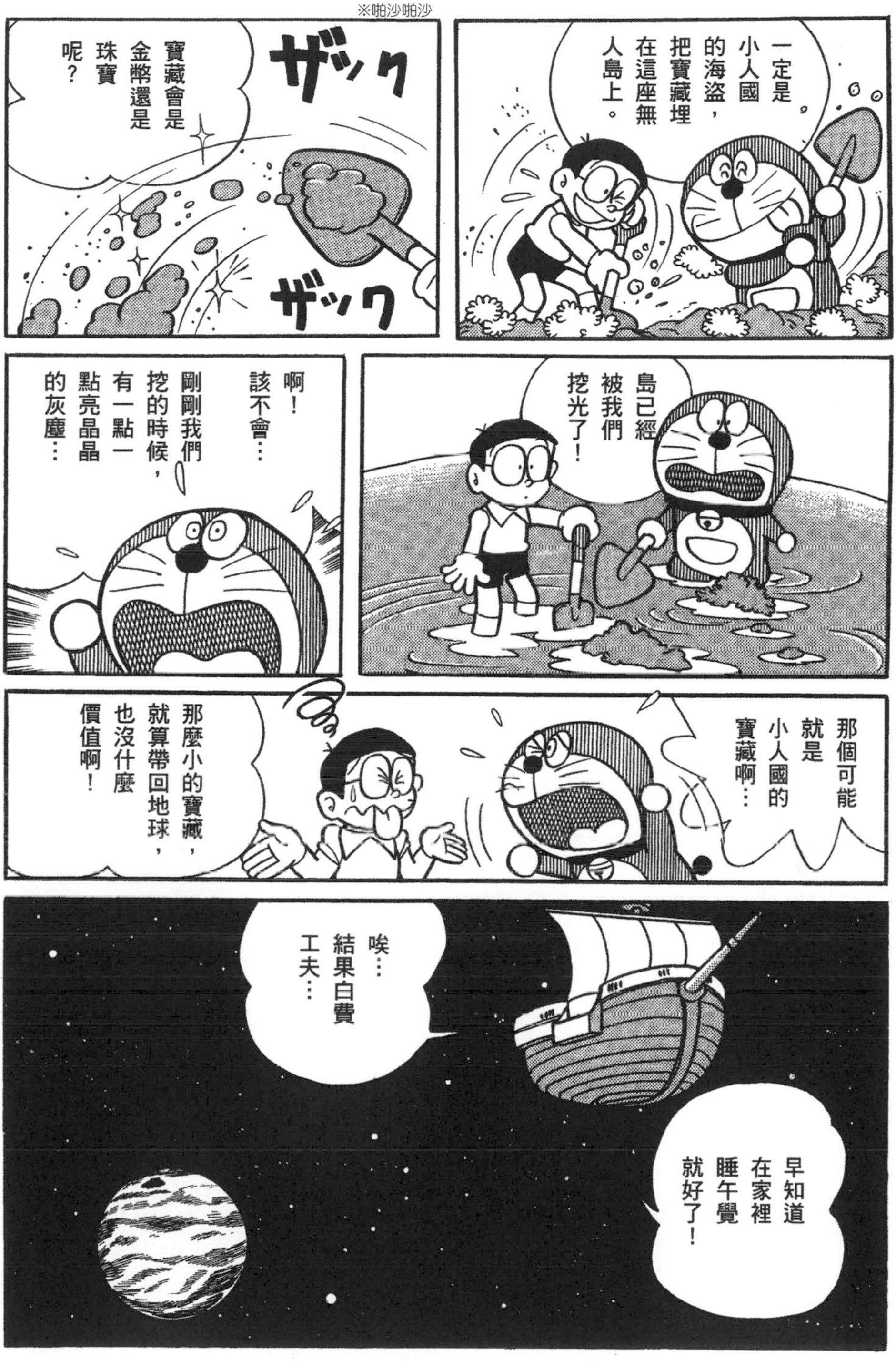
※啪沙啪沙
一定是小人國的海盜，把寶藏埋在這座無人島上。
ザック
ザック
寶藏會是金幣還是珠寶呢？
島已經被我們挖光了！
啊！該不會…
剛剛我們挖的時候，有一點一點亮晶晶的灰塵…
那個可能就是小人國的寶藏啊…
那麼小的寶藏，就算帶回地球，也沒什麼價值啊！
唉…結果白費工夫…
早知道在家裡睡午覺就好了！

穿越宇宙時光機Q&A

Q 全世界有幾處火箭發射場？

① 20處 ② 26處 ③ 30處

A ②26處。包括美國、俄羅斯等，世界各地都有。位在日本的是種子島宇宙中心與內之浦宇宙空間觀測所兩處。

※碰咚

穿越宇宙時光機Q&A

Q 下列技術之中，何者是因應航太發展而誕生？①自動剪票口 ②條碼 ③IC卡

A ②條碼。為了管理製造太空船時使用的眾多零件以及帶上太空船的物品而誕生，現在也仍在使用。

原來那是存錢筒啊…
因為也有巨大的外星人啊。
靜香打電話找你喔，
問你游泳池建好了沒？
幫我回話給她，反正我的話也靠不住，當我沒說好了。
唉…我不想再去尋寶了。
是啊…
我也不想再去了。
※嗶嗶嗶
ビビ
ビビ
ビビ
我看還是…
再去一次吧？
哇！好大的星球!!
跟地球的大小差不多呢。

穿越宇宙時光機Q&A

Q 在國際太空站外活動時，必須換上的太空裝有幾層構造？

① 7層
② 10層
③ 14層

A
③14層。為了保護身體不受太空嚴峻環境影響，並保持太空裝內部為0.3大氣壓，因此打造了14層構造，重量約120公斤。

穿越宇宙時光機Q&A

Q 世界上第一個登月成功的國家是下列何者？①美國 ②蘇聯 ③日本

我要一個洞穴，
只要是能住得舒服、視野也好的就行了，
要花多少錢都沒有關係。
他們答應要幫忙挖我們指定的大洞穴呢！
什麼？有游泳池的房子已經蓋好了!?
大雄
網球場就蓋在那裡吧！

A ①美國。在知名的阿波羅計畫中，阿姆斯壯與艾德林於一九六九年成功登陸月球表面。

爲何要用探測器探索宇宙？

太空探測器揭開太陽系行星之謎

針對行星、衛星、小行星、彗星，以及太陽等地球以外的天體進行觀測與調查的機器，稱為太空探測器。二十世紀中期之後，航太技術急速發展，人類終於得以飛出地球軌道，並且打算將探測器送往其他天體。

原因之一是對於宇宙這個未知世界充滿了「好奇心」，另一個原因則是「為了拓展人類可活動的範圍」。就像過去歐洲人在大航海時代出海追求新世界一樣，為了開拓人類的知識與活動範圍的可能性，因此我們將探測器送進浩瀚的宇宙裡。

全球第一個脫離地球重力前往其他天體的探測器，就是前蘇聯於一九五九年發射的月球探測器「月球一號」。很遺憾的是，該探測器沒能夠抵達月球，與月球最短距離超過五千公里；不過同一年內發射的「月球二號」則成功抵達了月球的寧靜海。在一九七〇年代中期以前，美國與蘇聯互相競賽，發射了許多月球探測器與太空船，包括失敗的數量在內，一共有七十架以上。最終成功創下人類史上首次將太空人送上月球表面的是美國。美國於一九六九年藉著阿波羅十一號完成任務。直到阿波羅

▼美國兩架名為「精神號」與「機會號」的火星探測車持續傳送火星地表照片，提供調查。

出處／NASA

十七號，美國一直在進行載人上月球探測計畫（十三號失敗），共有十二位太空人曾經降落在月球上。前蘇聯儘管曾經成功利用月球探測車進行調查，卻無法將人類送上月球。

挑戰行星探測後，探測器再度前進月球

美國與前蘇聯不只是進行月球探測，也從事行星探測。美國在一九六二到一九七三年之間，執行了「水手號計畫」，派出許多架探測器陸續接近金星、水星、火星，拍攝照片並進行溫度觀測。並在一九七〇年代後派出「先鋒金星號」探測器前往金星、「維京號」前往火星、「先鋒號」與「航海家號」前往木星和土星。前蘇聯也於一九六一到一九八三年期間將「金星號」系列探測器送往金星，一直嘗試到金星十六號才成功讓探測器軟著陸在金星上，拍攝地表並觀測溫度與氣壓。另外還發射「火星號」系列探測船、「火衛一號」等探測器前往火星。

一九七〇年代後期，美國與前蘇聯共同減少了發射探測器的數量，不過也因為發射與控制的航太技術提升及觀測儀器的發達，仍舊取得了許多卓越的觀測成果，對於各行星的外貌與環境也有了更詳細的了解。尤其是一九九〇年代後期開始，美國投入火星探測，發現火星地表上有由水所造成的地形，證明曾經有水存在等。

與行星探測同樣在近年再度受到矚目的是月球。二〇〇三年，歐洲太空總署發射「SMART-1」之後，包括日本在內，中國、印度、美國也接二連三發射探測器，甚至出現在月球建造基地的計畫。可以預見開發月球表面的新時代即將展開。

特別專欄

火星上是否存在生物？受到矚目的探測結果

美國火星探測器維京一號、二號在 1976 年成功降落在火星上，進行地質學、生物學實驗。在那之後過了 20 年，美國再度發射許多探測器前往火星，進行實驗與觀測。2001 年抵達火星的奧德賽號發現火星地底下存在大量的冰。2004 年降落在火星的兩架火星探測車（火星車）精神號與機會號，找到了火星地表過去曾經存在液態水的證據。水與生物的存在息息相關，今後是否能夠在火星發現生物，調查結果令人期待。

日本曾經發射哪些太空探測器？

日本第一個脫離地球重力圈的哈雷彗星探測器

日本在一九八五年發射了第一個脫離地球重力圈的太空探測器，繞行的軌道為行星間的日心軌道（繞太陽轉的軌道）。配合隔年（一九八六年）哈雷彗星時隔七十六年再次接近地球的機會，與美國、前蘇聯以及歐洲進行共同觀測計畫。此時日本發射的分別是哈雷彗星實驗探測器「先驅號」及哈雷彗星探測器「彗星號」。

率先發射的先驅號是彗星號的實驗機。除了用來測試探測器脫離地球後，是否能夠進入繞行太陽的軌道，同時也是為了測試遠距通訊與活動控制等相關新技術。由日本製造的 M-3SII 火箭送上太空的先驅號，一如計畫進入繞行太陽的軌道，成功完成實驗機的任務，更進一步來到距離哈雷彗星約七百萬公里處進行觀測，往後的十四年間也持續觀測太陽風（太陽朝宇宙空間釋放的高速帶電粒子、電漿）。

接著，日本也成功發射彗星號，到達距離哈雷彗星只有十四萬五千公里處，觀測彗星逐漸靠近太陽時，四周形成的大氣（彗髮）與太陽風。

▼ 1998 年日本發射火星探測器「希望號」。雖然發射成功，但探測器卻因為引擎故障等問題，無法進入火星軌道，因此未能進行觀測。

出處／JAXA

就這樣，日本第一次派出的太空探測器先驅號及彗星號，與歐洲的「喬托號」、前蘇聯的「維加一號、二號」、美國的「ICE」一同成功觀測到哈雷彗星。這六架探測器當時稱為「哈雷艦隊」，也是國際合作進行太空探測上值得紀念的第一步。

挑戰行星、小行星、月球，致力於太空探測的日本

日本接下來送往行星的探測器是一九九八年發射的火星探測器「希望號」。原訂計畫是要將探測器送上火星軌道，調查火星上空的大氣與太陽風之間的相互作用，以及火星磁場等。不過卻因為控制用的引擎發生問題，因此沒能夠把探測器送上火星軌道。

二〇〇三年，日本再度著手要將待在行星繞日軌道上的希望號送上火星，結果還是沒能成功進入火星軌道。希望號飛越到距離火星地表約一千公里處，未能實現火星觀測。但是，日本後來在同一年成功發射小行星探測器「隼鳥號」、二〇〇七年成功發射繞月衛星「輝夜姬號」，向全世界展示優異的技術實力。

特別專欄

歷經 7 年旅程回到地球的小行星探測器「隼鳥號」

2003 年 5 月發射，以小行星糸川為目標的探測器「隼鳥號」，在結束探勘任務後於 2010 年 6 月回到地球。1998 年發現的糸川是位在地球附近軌道上繞太陽轉的小行星。「隼鳥號」在 2005 年 9 月靠近糸川，透過雷達調查它的形狀，拍照並進行礦物種類及重力等的觀測。

「隼鳥號」更進一步降落在糸川上進行調查，原本預定採集沙子帶回地球。可惜因為發生引擎等各種問題，甚至差點回不了地球。儘管如此，「隼鳥號」還是突破萬難，成功返回地球，帶回來的膠囊裡裝著糸川的沙粒等，創下繼月球之後，首次取得地球以外天體樣本的全球創舉。

照片提供／池下章裕

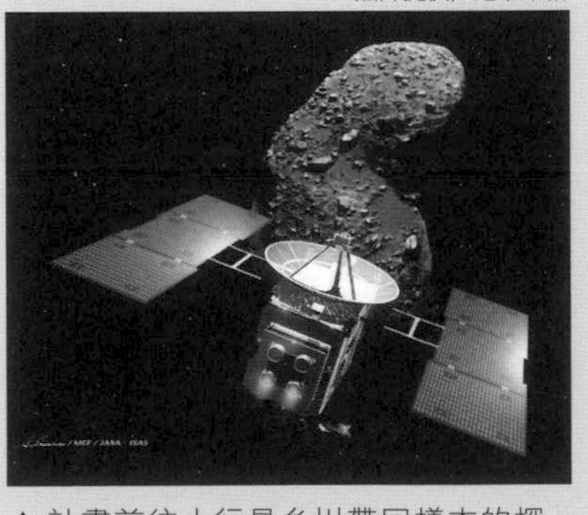

▲計畫前往小行星糸川帶回樣本的探測器「隼鳥號」。

日本今後打算探索什麼樣的星球？

金星探測器「破曉號」目標是灼熱的金星

二〇〇七到二〇〇九年間，繞月衛星「輝夜姬號」進行月球探測帶回卓越的成果之後，日本接下來的目標是金星。二〇一〇年五月，H-IIA17號火箭成功發射金星探測器「破曉號」。破曉號在半年後進入金星軌道繞行金星，預定進行兩年以上的各種觀測。

對於金星，美國與前蘇聯過去發射過許多探測器，不過從一九八九年之後已經完全不再進行調查與觀測。但是在二〇〇五年，歐洲將探測器「金星特快車號」送上金星，現在也仍持續在進行探測。根據目前為止的調查，已知金星的大氣層大約有百分之九十六是二氧化碳，溫室效應造成地表平均溫度高達攝氏四百六十度，氣壓約九十大氣壓（地球是一大氣壓。九十大氣壓幾乎等於地球上深度九百公尺海底的水壓）。

另外，金星上空有厚厚的硫酸雲覆蓋，地表上是一整片火山熔岩凝固形成的平原。金星的大小與地球差不多，也被認為幾乎是同一個時期，以同樣方式誕生，不過環境卻大不相同，不是人類能夠居住的地方。

▼在硫酸雲底下的金星地表是攝氏460度的灼熱世界。人類無法降落在金星上。

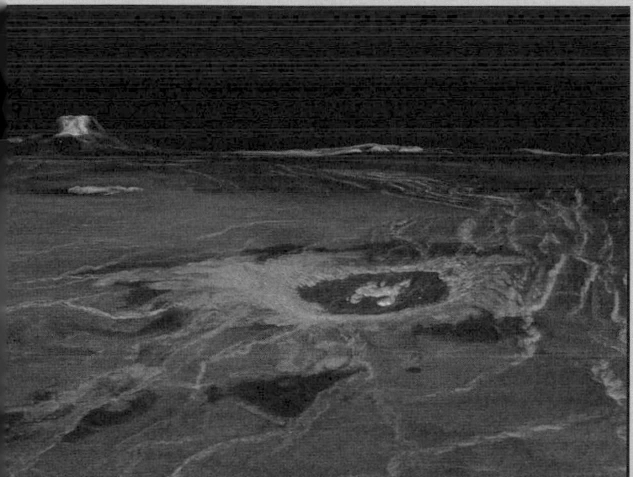

出處／NASA

同時致力開發新技術 日本的太空探測成果令人期待

除了金星探測之外，目前正在進行準備的是水星探測。日本與歐洲共同合作「BepiColombo」計畫，打算解開神祕的水星磁場及內部情況。另外也計畫今後將進行月球探測，並考慮將來在月球上建立基地。

畫面提供／池下章裕

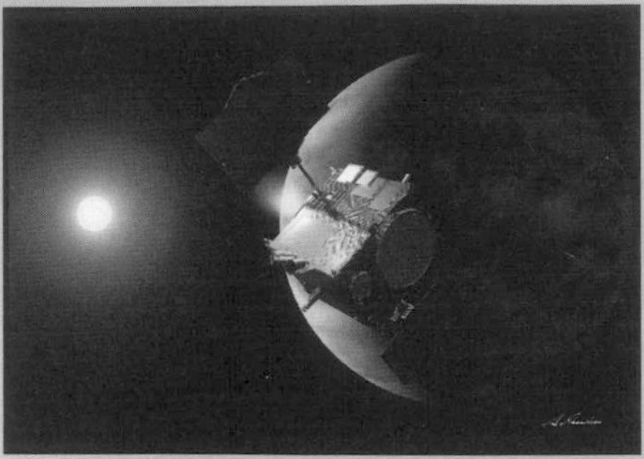

◀為了觀測金星氣象等而發射的「破曉號」。

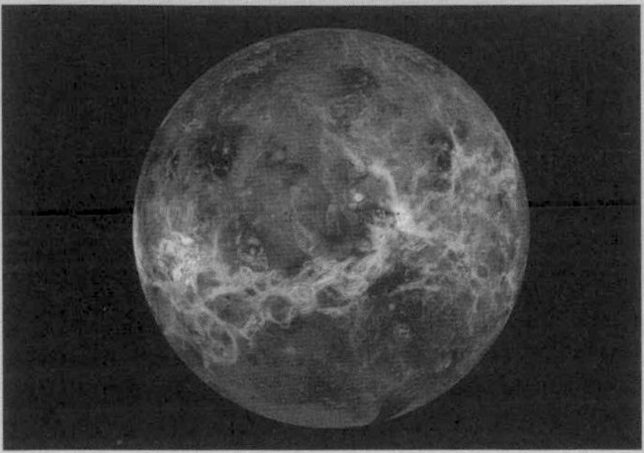

▶遮掩在雲層下的金星地表樣貌。

出處／NASA

特別專欄

利用太陽光在太空中前進的太空遊艇「伊卡洛斯」

2010 年 5 月，與日本的金星探測器「破曉號」一同發射的是小型太陽能電池實驗機「伊卡洛斯」。

伊卡洛斯張著以 14 公尺見方的正方形薄膜製成的船帆在太空中前進。薄膜的厚度僅有 0.0075 公釐（約是頭髮粗細的 10 分之 1）。船就靠著照在展開薄膜上極微小的光能當作推進力前進。太空裡沒有空氣，因此一旦有了速度，船就會順勢前進。太陽能電池技術，可說是人類的發明當中成長速度最快的一項技術。

發射到太空大約 20 天過後，「伊卡洛斯」在太空裡成功揚帆，該年 7 月時已經確定船首次藉由光能加速。這是全球第一個成功的案例，今後也計畫要將這項技術運用在前往木星的探測器上。

▲接收太陽光能量，在太空裡航行的太空遊艇「伊卡洛斯」。 出處／JAXA

呼喚幽浮機

啊，好特殊的道具。
不知道怎麼操作…
也不知道會有什麼效果…
…………
還是算了。
不可以亂動…
別人的東西。
喂！不要亂動別人的東西。

穿越宇宙時光機Q&A

Q 針對太空人的健康管理開始研究的是什麼疾病的藥物？①風溼 ②骨質疏鬆症 ③蛀牙

A

②骨質疏鬆症。太空生活使骨頭變得脆弱，症狀與骨質疏鬆症患者相同，因此科學家開始研究預防骨質疏鬆症的藥物。

※嗚嗚　※啵　※嗶　※嚕嚕

穿越宇宙時光機Q&A

Q 假如在ISS國際太空站裡以在地表上同樣方式丟球會怎樣？①球往上跑 ②球往下跑 ③球筆直前進

A ①球往上跑。國際太空站裡的重力很小，因此即使筆直投球，球也會往上跑。

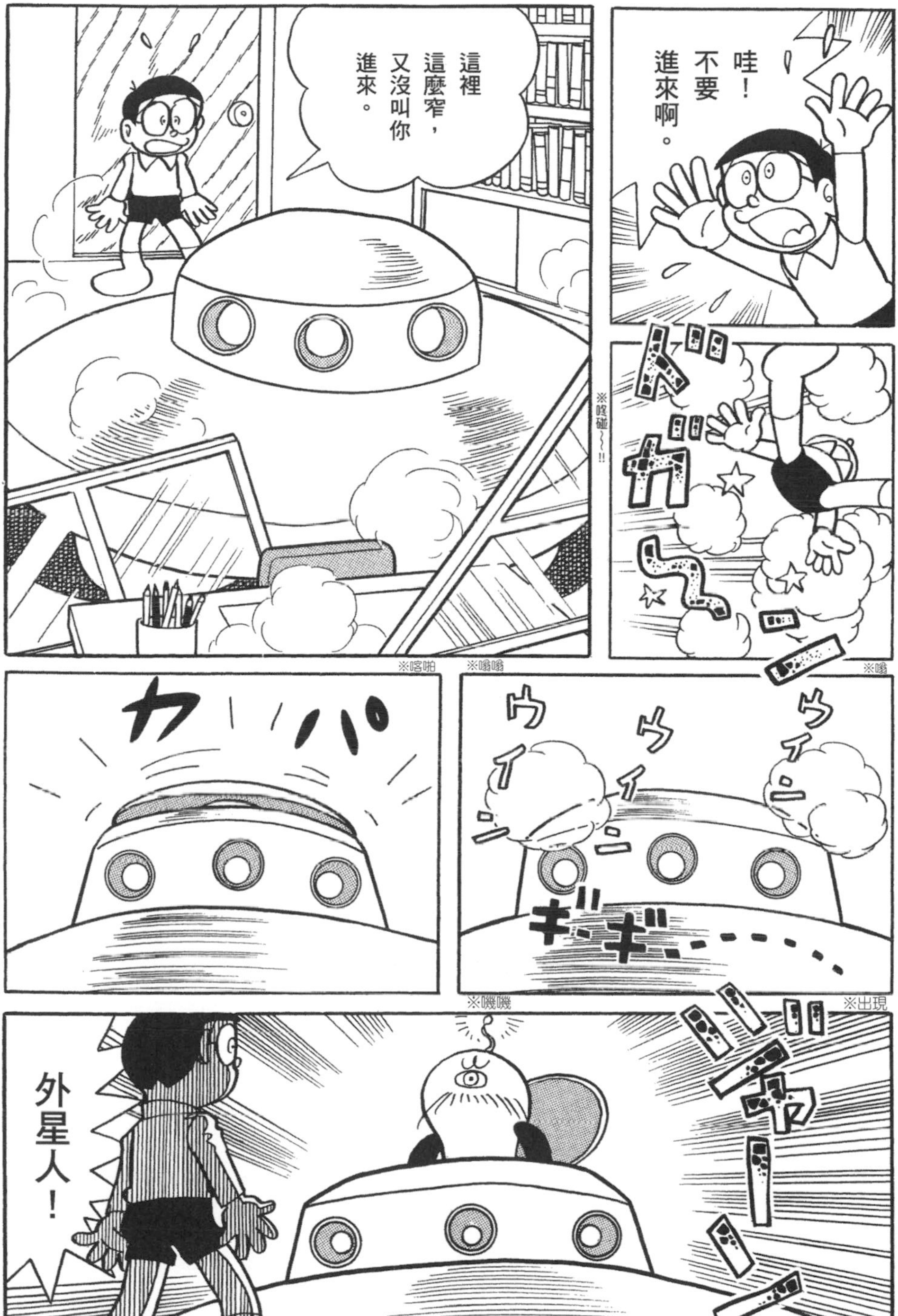

穿越宇宙時光機Q&A

Q 除了在地表之外，太空裡也有氣象預報，真的嗎？

A 真的。由日本情報通信研究機構（NICT）內的宇宙氣象資訊中心負責預測太陽閃焰、磁暴、太陽風、極光活動等變化。

總之先用「翻譯蒟蒻」聽他講什麼。
他說「一直叫他的人是你嗎？」
他是從遙遠星過來的，他叫風塵僕僕。
他實在不想說，可是來一趟地球要花兩千萬圓的燃料費。
吃飯吃到一半叫我來，有什麼事快說。
我根本沒事……
你不可以說這種話啦……
不會是開玩笑叫好玩的吧。
我先提醒你，到目前為止，
遙遠星的聯合艦隊在宇宙戰爭中從來沒輸過。

A

真的。能看見極光的地方不是只有地球。木星、土星、天王星、海王星等也可觀測到。

你看…他開始生氣了，心情越來越糟。
我們邊吃飯邊聊吧…
請開心享用吧！
瞞混過去之後再請他回去。
他說地球的食物很好吃。
還好他心情變好了。
我再去拿別的來。
你在幹嘛！
你又把貓狗撿回來了喔！
這是為了保護地球和平…
MILK

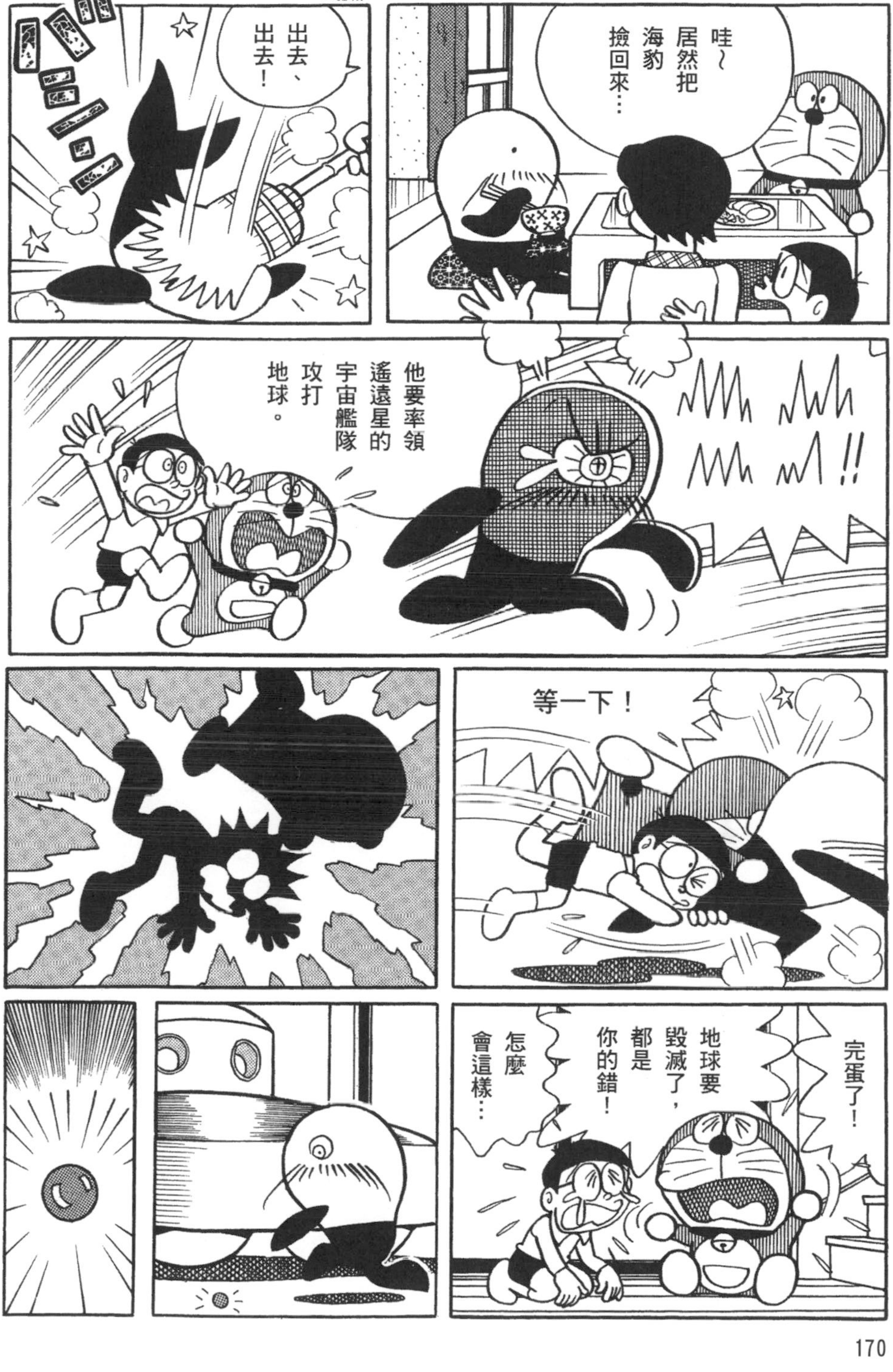
※啪嘰
哇～居然把海豹撿回來…
出去、出去！
他要率領遙遠星的宇宙艦隊攻打地球。
等一下！
完蛋了！
地球要毀滅了，都是你的錯！
怎麼會這樣…

穿越宇宙時光機Q&A

Q 世界最大的無線電波望遠鏡鏡頭直徑為多少？

① 105公尺 ② 205公尺 ③ 305公尺

A

③305公尺。南美洲波多黎各的阿雷西博天文臺（Arecibo Observatory）利用天然窪地地形固定天線。

外星人都長得像章魚，而且打算侵略地球嗎？

地球要毀滅了，都是你的錯！
怎麼會這樣…

宇宙中存在什麼樣的生物仍是個謎。他們會以何種方式與地球人相遇呢？

一九三八年，美國發生「外星人打過來了！」的大騷動。引起騷動的原因是一齣廣播劇。民眾聽到廣播劇說火星人侵略地球便信以為真，因而引發騷動。

　而在這個宇宙的或地球之外的哪個地方存在著生物呢？很可惜，我們目前只能回答「不知道」。至少到現在為止，人類仍找不到任何地球以外的星球上存在生物的證據。但相反的，也沒有證據顯示只有地球上存在生物。

　假如外星人真的存在的話，我們能夠想到的發現方式可能有下列幾種：一個是從火星等太陽系行星或隕石找到生物或生物的痕跡；另一個是接收到某個高智文明從宇宙某處發送過來的電波或訊息；還有一種可能則是抱持理性，與外星人直接面對面。

　抱持理性與外星人面對面的可能性，是這幾種方式當中最低的。想要在這個宇宙裡遇到其他理性生物，範圍實在是太大。離太陽最近的恆星是半人馬座的比鄰星，它與太陽的距離是四點二光年。現在從地球發射的探測器當中，飛到最遠處的是一九七七年發射的航海家一號，但就算它直接飛向半人馬座的比鄰星，也必須花上約七萬年才能夠抵達。

特別專欄

章魚模樣的外星人因故事而出名

　一提到外星人，人們往往會想像有一副章魚的長相，而率先這樣描寫外星人長相的是英國作家 H. G. 威爾斯（Herbert George Wells）的知名科幻小說《世界大戰：決戰火星人》（*The War of the Worlds*）。故事內容講述章魚模樣的火星人侵略地球。而在美國引起騷動的廣播劇就是以這個故事為藍本。

計算與其他星球未知生物接觸的機率！

$$N=R\times fp\times ne\times fl\times fi\times fc\times L$$

這個公式稱為德瑞克公式（Drake equation），我們可以藉由這個公式曉得我們居住的銀河系裡存在多少高智文明，以及有沒有可能找到他們。公式要代換底下的數字。

N ＝所求的數。代表存在於銀河系的知識文明。

R ＝銀河系裡 1 年產生的恆星。

fp ＝恆星擁有行星的機率。

ne ＝位於適居帶的行星數量。

fl ＝行星演化出生命的機率。

fi ＝生命演化成智慧文明的機率。

fc ＝有意願且擁有足以與其他天體聯絡之科學技術的機率。

L ＝智慧文明的存活時間。

最近的研究顯示，R 是 10 個，fp 是 0.1 以上。ne 如果是太陽系的話，現在只有地球一個，所以是 1。其他數字則根據各個研究者的看法而有所不同。

找到外星人，是解開包含人類在內生物之謎的關鍵

宇宙如此浩瀚，假如幾乎沒有機會遇見其他理性的外星人，前往地球之外的星球探索生物，豈不是沒有意義了嗎？沒那回事。即使找到的是微生物也可以。

我們已經知道生活在地球上的生物，不管是動物、植物、細菌，全都是由同一個祖先演化而成。但生物的形式只有這樣一種嗎？若是能夠找到、調查地球以外的生物，或許就能夠解開生活在這個地球上的生物之謎了。

也許會像電影或電視上演的一樣出現戲劇性的發展。為了要找尋外星生物，人類現在仍在持續探測及研究。

▶科學家認為，現行地球上所有生物均是由相同的祖先演化而來。

想看幽浮
就跟我說
吧!!

假如用手機與外星人通話，打聲招呼要花多久時間？

利用光速發送到宇宙的訊息，最快也要約十年後才能得到回答？

若是在太陽系的行星，可派遣探測器進行直接調查，但是太陽系之外就無法這麼做。在第一百七十二頁中介紹過，假如想要直接派遣探測器前往，即使距離最近的恆星半人馬座比鄰星，光是單程也要花上七萬年時間。因此科學家想到的方法是收發訊息。如果利用前進速度與光速相同的無線電波，就能夠比探測器更快抵達宇宙的遠方。但即使利用光速傳送訊息，訊息送達半人馬座比鄰星也要花上四點二年的時間，亦即得到回應最快也是八點四年之後。

儘管如此，地球確實正在朝宇宙發送訊息。訊息的內容如右下所示。科學家利用兩種電波訊號製作成黑白圖畫，傳送數字、原子序、人類的模樣等。目的地是聚集超過數十萬顆星球的武仙座M13球狀星團。發訊者是位在波多黎各的阿雷西博大文臺，利用地球最大、直徑三百零五公尺的電波望遠鏡發送訊息。順帶一提，M13球狀星團位在距離太陽二萬二千二百光年之外，因此得到回應最快也是四萬四千四百年以後。

自從人類開始使用廣播、電視，這些無線電波也會外洩到宇宙裡，成為傳送給外星生物的訊息。會對這些遠離太陽數十光年遠的電波產生反應的高智生物，究竟在宇宙的哪裡呢？

▼利用數學「質數」的概念，建立能夠還原成圖案的架構傳送。

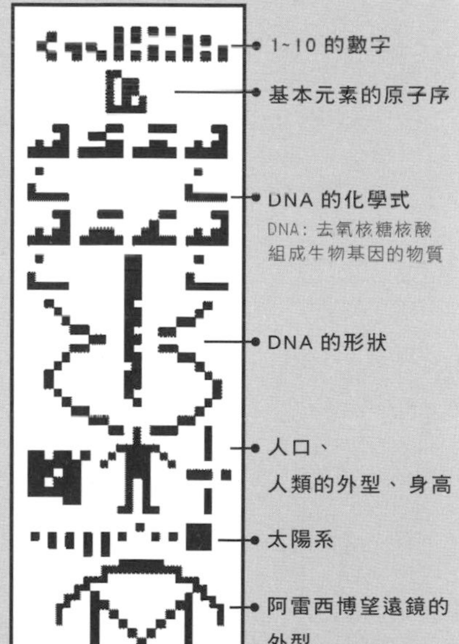
1~10 的數字
基本元素的原子序
DNA 的化學式
DNA：去氧核糖核酸
組成生物基因的物質
DNA 的形狀
人口、
人類的外型、身高
太陽系
阿雷西博望遠鏡的
外型

插圖／高橋加奈子

特別專欄

帶著許多來自地球的訊息，在太空中飛行 先鋒號與航海家號的旅程

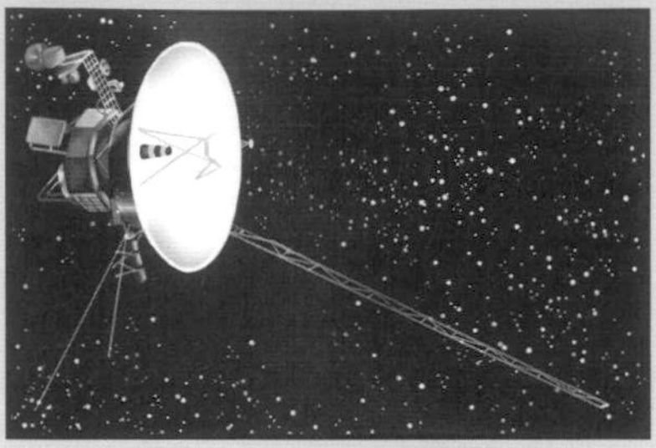

飛往太陽系外的探測器先鋒十號號、十一號，以及航海家一號、二號上攜帶著許多訊息，用來發送給宇宙某處的高智生物。因為宇宙任何角落的數學和物理學知識應該都相同，所以只要使用那些知識，就能夠了解圖畫和記號訊息的意義。航海家號的機身上裝置左邊的唱片，上面不僅寫著訊息，還儲存地球各語言的問候語、動物的聲音、音樂、變成記號的照片等。鍍上黃金是為了保護內容，避免太空塵破壞，因此也稱之為「金唱片」。

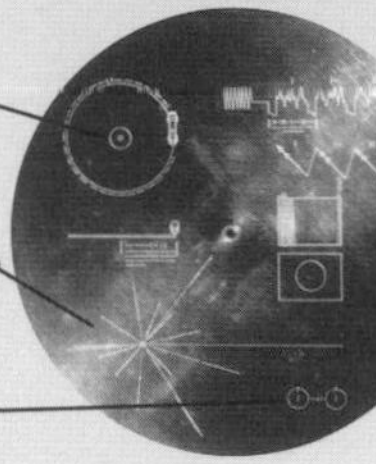
唱片的播放方式
14 顆脈衝星的分布位置
氫的結構

插圖／高橋加奈子　　金唱片出處／NASA/JPL

家用電腦也參與解讀來自太空的訊息

相反的，人類早從一九六〇年就開始嘗試找尋存在於宇宙某處的高智生物發送的通訊電波，遠早於地球主動發送訊息。

一九九二年，美國NASA使用包括阿雷西博天文臺在內，美國與澳洲等地的大型電波望遠鏡進行探測。這項探測計畫英文以「Search for Extra-Terrestrial Intelligence」的字首縮寫為「SETI」，意思是「搜尋地外文明」計畫。

現在因為預算的關係，NASA已經停止搜尋，不過為了從電波望遠鏡捕捉到的大量無線電波資料庫中找出高智生物的訊號，只要使用SETI@home這個軟體，一般家庭的電腦也可在空閒時幫忙搜尋。

▲SETI計畫中所使用的美國金石太陽系雷達（Goldstone Solar System Radar）。

出處／NASA/JPL

許多星星都有行星！不過尚未找到像地球的星球

話說回來，宇宙裡像地球這樣適合生物生存的星球，大概有幾個呢？

特別專欄

如何找尋太陽以外恆星的行星

這裡只介紹最具代表性的徑向速度法。繞行恆星的行星只要一旋轉，恆星就會因為行星的重力牽引而擺動。恆星若是前後移動，就會因為「都卜勒效應」而改變光的顏色。過去所發現的系外行星，幾乎都是以這樣的觀測方式發現的。

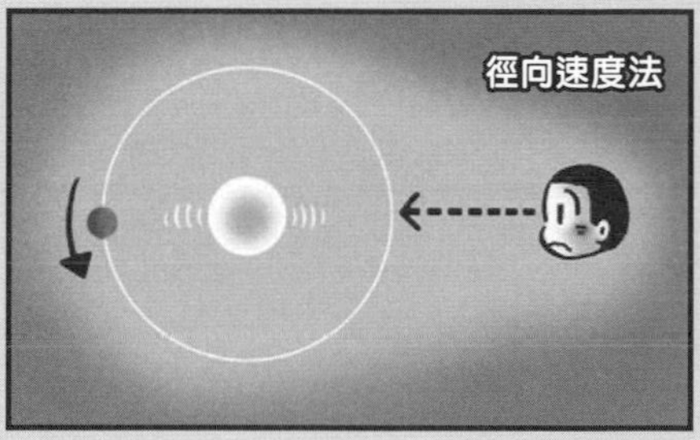

繞太陽以外的恆星旋轉的行星，稱為「（太陽）系外行星」。截至目前為止發現的系外行星已超過四百個，但其中多數都像木星一樣，是由氣體組成的大型行星；而且有許多行星軌道比太陽系的水星更靠近太陽，地表溫度高達攝氏一千度，因此稱為「熱木星」。

目前雖然尚未找到類似地球的星球，但也別急著認為像地球這樣的星球不存在。太陽系附近還有其他明亮的恆星，想要找到本身不會發光的系外行星原本就很困難；即使我們能夠找到像木星一樣重的行星，也不一定會找到像地球這樣又小又輕的行星。

今後只要觀測的精準度更加提升，或許有機會找到類似地球的系外行星。為了搜尋地外生物，科學家也可能會縮小觀測範圍，找尋類似地球的行星。

一切都與今後的研究成果有關，不過各位也無須太悲觀。距離太空人加加林在一九六一年成為第一個進入太空的人類到現在也不過大約五十年，人類的太空探險之路才剛剛起步。

外星人你好

好熱啊，真想吃紅豆刨冰。
得趕快消消暑才行！
我先去叫別人請我吃冰涼涼的哈密瓜再來好了。
喂，你真奢侈耶！
誰會請你吃哈密瓜啊？
看我怎麼做吧！
円番
啊，是小夫啊？
今天有什麼事嗎？
什麼!?
你又看到UFO？

Q 宇宙誕生後，最早形成的原子是下列何者？①氧 ②氫 ③鐵

快、快把詳細的情形…
說給我聽。
別客氣！
邊吃哈密瓜邊說吧。
那是……
八點半左右吧？
八點半嗎？
當然是指晚上吧。
有三道橘色的光……
地點呢？地點在哪裡？
就在賣香菸的轉角處。
喔，從西北到東南。
這次有多大呢？
高度呢？還有速度？
真是可惜耶，怎麼沒拍到照片？
一定要隨時帶著照相機才行啦。
要是有拍到好照片的話，我會給你零用錢喔。

A ②氫。宇宙誕生後好一陣子都是原子核和電子往來交錯的電漿狀態，直到38萬年之後，原子核才與電子結合在一起構成氫。

穿越宇宙時光機Q&A

Q 太陽發光、發熱是因為發生什麼狀況？①核融合 ②核分裂 ③核增殖

A ①核融合。太陽中心發生核融合反應，4顆氫原子融合形成1個氦原子，此時產生大量的能量。

※摸摸

※極冠：位於火星的南北端，能看到的白色部分。

用「進化退化放射線槍」來照射。
只要設定進化加速的儀表到最高速，
一下子就能將十億年份的進化縮減成十天完成，
苔蘚就會變成火星人喔。
進化的過程可以邊看監視電視邊控制。
像UFO這種東西馬上就可以自己做出來了。
現在就用火箭把放射線源送到火星去。
點火!!
※碰
哇啊，好大的煙火！

穿越宇宙時光機Q&A

Q 看著夜空會發現星星有不同顏色，那表示星星的什麼不同？①溼度 ②溫度 ③壓力

A ②溫度。星星的顏色差異是因表面溫度不同。溫度由高到低依序是藍白、白、黃、橙、紅。順便補充一點，太陽是黃色。

準備好了嗎？
看我的!!
好了，丟出來吧。
你在笑什麼啊？
就算你想加入我們也不行。
沒關係。
反正只要經過十天就能拍到真的了。
現在狀況如何？

穿越宇宙時光機Q&A

Q 太陽的質量占太陽系所有天體總質量的多少？

① 90.5%

② 95.9%

③ 99.9%

A ③ 99.9%。行星、小行星等全部加起來只占太陽系總質量的0.1%。由此可知太陽的存在很重要。

ドサ
※碰咚
你們在生氣什麼？
還敢問為什麼！
之前拍的照片洗出來了。
你看!!
因為你在旁邊笑的關係，
馬上就看出來這是造假的照片了。
那你們要我怎麼辦嘛？
你之前不是說了奇怪的話嗎？
說什麼只要經過十天就能拍到真的……
我有說過這種話嗎？
別想瞞我們。
哆啦A夢是不是拿出超像UFO的東西給你？
讓我們也加入你們的造假計畫吧!!
我們才沒有造假咧。
老實招來!!

穿越宇宙時光機Q&A

Q 位在夏威夷的昴星團望遠鏡主鏡直徑有多大？

①8.2公尺 ②7.2公尺 ③6.2公尺

A ①8.2公尺。這個長度相當於20個大人手牽手構成的圓圈。此望遠鏡使用的單片主鏡曾是世界最大。

即使如此還是沒說吧？
了不起!!
要是讓他們加入的話，一定不會有好事的。
狀況怎樣了？
現在差不多是火星人出現的好時機。
這是前些時候送進熱風的峽谷。
什麼都沒有啊。
苔蘚全都乾枯了嗎？
啊……
好像有什麼在動……
放大來看。

有了！
像香菇的生物耶!!
火星人！
他們吃黴菌來填飽肚子。
而且好像集合群居的力量生存。
火星已經產生原始社會了!!
馬上就會製作飛碟到地球來了！萬歲!!

穿越宇宙時光機Q&A

Q 興建於南美洲智利查南托高原阿塔卡瑪沙漠的阿爾馬望遠鏡，是由幾座拋物面天線所組成？

你看！他們已經學會耕田來栽培黴菌。
也開始建造村落了耶。
唔～～嗯……
不是我不相信你們，實在是看起來很像玩具。
果然，那我們下次拍得更像真的好了。
噓。
他們發展得好快喔。
不但人口增加，現在也開始進行大規模的工程了。

A 66座。阿爾馬望遠鏡是由許多天線組成的大型天線。期待能夠看到更遠的宇宙。（註：已於二〇一三年啟用）

已經跟蹤大雄這麼久了，什麼都沒發現。
他們到底在策劃什麼？
好像也沒有要拍什麼照片的樣子。
近代都市終於誕生了。
連車子和飛機也都有了。
再加把勁就行了。
你看！那個窗戶……
好像是一對火星人父子。
指著這邊不知道在說什麼。

穿越宇宙時光機Q&A

Q 恆星內部發生核融合所產生的最重物質是下列何者？①鋁 ②鐵 ③鈦

好想聽他們到底在說什麼喔。
當初真該裝個麥克風。
每天晚上不要老是盯著電視，
快點上床睡覺！
已經很晚了喔。差不多該睡了。
我覺得一定有。
喔～地球上有人類嗎？
而且一定會來攻打火星。
有一本叫《宇宙戰爭》的書就是這樣寫的。
放心吧，那只是虛構的故事。
只有火星才有人類。
我以後要製造太空火箭，然後到地球去探險。
這種時代一定會來臨的。
晚安。

A ②鐵。鐵的原子核十分穩定，鐵原子連結在一起也不會發生核融合反應，因此必須採用其他方式製造比鐵更重的物質。

已經過了十天……
他到底要不要拍照片啊？
UFO呢？
還沒起飛。
等得好累喔。
呼啊
好久沒看電視節目，去看一下轉換心情吧。
正好要播「UFO巡邏隊」了。
哇——
哇——
哇——
哇——
大家快看！我們終於要邁向宇宙……
踏出人類的第一步了!!
我出發了。
祈禱你成功。
哇——
哇——
哇——
哇——
哇——

穿越宇宙時光機Q&A

Q 單次停留在太空裡最久的日本人是下列哪一位？①若田光一 ②山崎直子 ③野口聰一

A

③野口聰一。二〇〇九年十二月至二〇一〇年六月，一共在太空裡停留了一百六十三天。

穿越宇宙時光機Q&A

Q 目前人類在太空中停留的最長紀錄是多久？

①約6個月 ②約9個月 ③約1年2個月

A ③約1年2個月。太空人波利亞科夫曾在俄羅斯太空站「和平號」停留437天又18小時，創下最長的連續派駐紀錄。

※搖搖晃晃
フラ
フラ～
這麼可怕的星球我實在無法再待下去了。
快點回到火星，告訴大家這件事情。
※咚
ゴツン
這是什麼啊？
這不是飛碟玩具嗎？
原來他們就是用這個來製造假照片……
※咚鏘
ポキャ
然後拿來騙我！
啊！是UFO！
カシャ
※喀喳
太好了！
終於成功拍到了真正的飛碟！

穿越宇宙時光機Q&A

Q 科學家認為太陽的壽命還剩下多久？①約10億年 ②約30億年 ③約50億年

A ③約50億年。科學家認為太陽的壽命大約100億～110億年。太陽出生到現在是46億年，因此壽命還有50～60億年。

沒來……
火星的都市變得荒涼了……
好像白費力氣一樣。
就是說啊。
請相信我們！這次是真的飛碟啦！
夠了，你們又想騙我吧！

生物是如何誕生的呢？

最早誕生在地球上的生物是十分微小的東西

地球孕育著包括人類在內的眾多生物。究竟有多少種生物，至今還不清楚。有一說認為地球上存在的生物應該有幾億種，不過目前已經命名的生物大約只有一百九十萬種。

地球上充滿了這麼多的生物，宇宙中目前卻仍然未能確定是否有生物存在。那麼，地球是如何產生生物的呢？關於生物的誕生，仍有許多尚未釐清的地方，這裡將結合目前已知的內容為各位作介紹。

地球的誕生是在距今約四十六億年前。科學家認為生物的誕生則是在大約四十億年前由海洋開始。地球上第一個誕生的生命應該是，只擁有一個細胞的單細胞生物。接下來耗費了幾十億年的時間，才逐漸演化為各類動植物。

那麼，為什麼生物是從海洋誕生的呢？岩漿覆蓋的地球冷卻之後，大氣層裡的水蒸氣也跟著降溫，在地表上形成海洋。海水是由打造地殼的成分與大氣成分融合而成，因此海裡包含了許多物質。科學家認為這些物質在海裡混合，製造出許多建立生命體所需的有機物。但是，我們不清楚這些有機物是如何形成。有說法認為有機物是來自地球的大氣層與大海，也有說法認為是來自於宇宙。

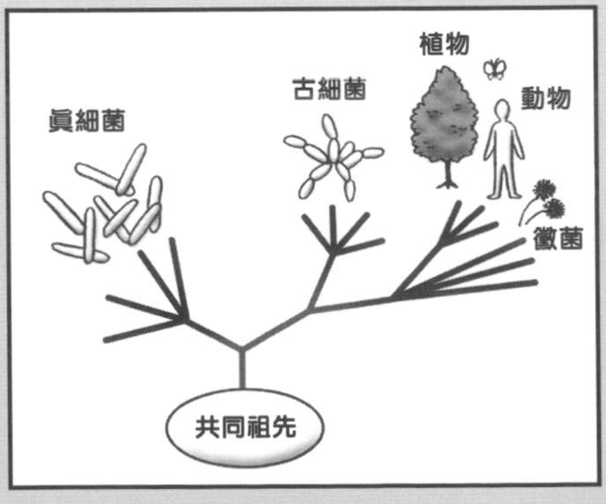

▶生物從單細胞生物開始，逐漸產生分支，變成現在這樣存在許多動植物的世界。

生物誕生的舞臺會是十分炎熱的地方？

即使解決了有機物如何形成的問題，也不表示已經解決了生物之謎。

有機物無法自行複製，也沒有自主意識。相反的，生物能夠自行複製自己，增加數量，每個個體行動時也多半擁有自己的獨立意識。

▼海底的熱泉噴口。科學家期待這一帶的生物仍存在生命誕生初期的構造。

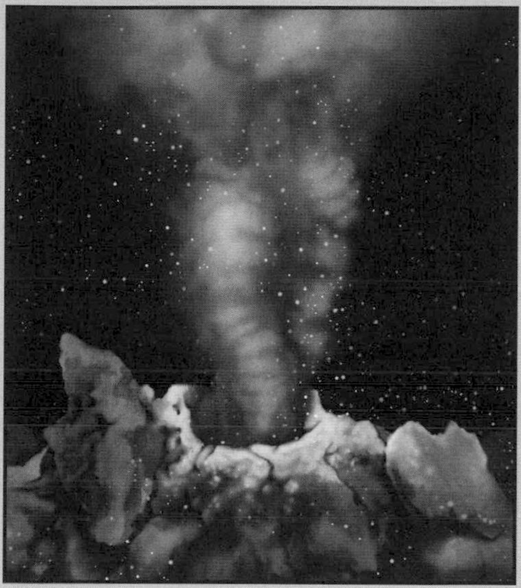

插圖／高橋加奈子

那麼，物質是在何時、哪個階段變成生物的呢？關於這一點也仍是個謎。如果審視創造生命體的每個零件，它們都只是普通的物質而已。

雖然人類已經能夠製造這些物質，但還是無法製造出生物。物質與生物之間存在著關鍵性的差異，但這項差異是什麼，至今還不清楚。

目前被視為是地球生物誕生的場所而受到矚目的其中一處，就是位在海洋深處的深海海底。生活在深海海底的生物數量相較於陸地上雖然減少了許多，但也是有聚集眾多生物熱鬧生活著的地方，那就是岩漿形成的熱泉噴口四周。

熱泉噴口會噴出攝氏兩百至三百度的熱水與眾多物質。在靠近陸地或海面的地方，生物會行光合作用，製造生存所需的養分，但相對的，熱泉噴口附近的生物則是靠分解化學物質來當作養分。這裡存在著許多與地表或海面附近體系不同的生物。

早期地球的氧氣不像現在這般豐富，因此科學家認為當時的生物，應該也是依賴分解化學物質來取得養分。於是許多科學家開始對熱泉噴口附近的生物進行研究，研判牠們擁有近似生物形成初期的體系，試圖解開生物之謎。

火星在遠古時代也曾有生物存在？

漫畫中出現火星苔蘚接觸到演化放射線，因此產生高等生物的劇情。故事雖然設定火星有苔蘚、存在生物，但實際上別說苔蘚了，火星上根本找不到可製造生命體的有機物。但是地球之外最有可能存在生物，或者說曾經存在生物的地方，就是火星。

火星就在地球外側繞行，與地球之間有許多共通點，因此一般認為那裡也許曾有類似地球的生物存在。生物的誕生需要有機物、水、能量這三項，缺一不可，地球因為符合這三項條件，才得以孕育生命。

火星過去也曾具備這些條件，所以多數科學家認為早期的火星或許也曾經有生物存在。事實上，火星地表已經找到遠古時代有水大量流過的痕跡，來自火星的隕石上也找到類似生物的證據。

我們能夠舉出上列幾項火星過去或許存在生物的證據，但是尚未找到生物屍體等物體，或是足以證明曾有生物存在的關鍵證據。

▼火星的撞擊坑裡形成的小溪谷。由撞擊坑裡的地形已知有冰存在，這也成為火星上曾經有水的證明。

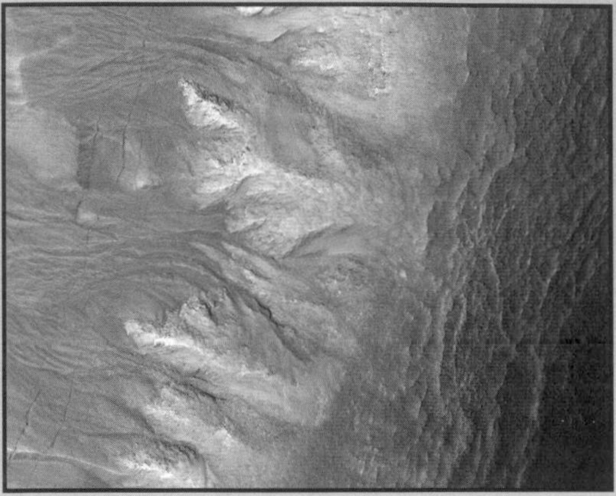

出處／NASA

特別專欄

找到生物了嗎？太陽系裡有水的天體

水是生物誕生時十分重要的條件。但水若是以冰或水蒸氣的型態，就難以產生生物。地球因為擁有液態水，才能夠產生各式各樣的生物。因此，前往地球以外的天體尋找生物時，該天體上是否有水的存在，就顯得十分重要。

有幾個地球以外的天體很可能有水。首先是木星的衛星歐羅巴（木衛二）與土星的衛星恩克拉多斯（土衛二）。這兩個天體的地表上雖然有冰覆蓋，不過科學家認為底下或許存在著液態水。

地球上的生命來自宇宙嗎？

創造生命體的有機物是乘著隕石或彗星而來？

生物的形成必須具備有機物、水、能量，這三者缺一不可。以地球來說，大氣層中的水蒸氣在降溫過程中變成液態水；能量則是來自於太陽，還有深海底熱泉噴口的岩漿。

孕育生物的水與能量是如何產生、來自何處，這些問題我們大致上已經有了答案，不過唯獨有機物，還是有許多不明白的地方。人們原本相信幾十億年前成為生命起源的有機物來自於地球的大氣，但最近也有人主張或許是來自其他地方。所謂的其他地方，指的就是地球以外，也就是宇宙。

宇宙一片漆黑，所以很多人以為星球與星球之間空無一物，但那只是因為眼睛看不見而已，事實上宇宙空間裡飄浮著許多塵埃、氣體、有機物。然後這些集合在一起形成星雲，星雲裡塵埃與氣體密度最高的地方就會產生恆星寶寶。接下來，本書將介紹其中一種說法，說明有機物是如何來到地球。

在太陽寶寶誕生時，四周存在著許多含有機物的塵埃。但是太陽開始發光，朝四周釋放輻射，因此位在大約火星距離的塵埃所含的有機物幾乎蒸發殆盡，只剩下岩石和金屬等成分。

但是，小行星帶外側因為距離遙遠的緣故，承受的太

▼來自太陽系盡頭的C/2013 A1賽丁泉彗星（Siding Spring）。彗星是在太陽系誕生時產生，因此科學家認為裡頭含有各式各樣的成分。這顆彗星裡或許也有當時產生的有機物。

出處／NASA/JPL-Caltech/UCLA

陽輻射較少，因此多數塵埃仍保留有機物的成分。這類塵埃經過反覆撞擊及吸引後，就形成小行星或微行星。

地球四周的塵埃只含岩石和金屬，因此地球誕生時，地球上不存在有機物。後來在含有有機物的小行星像隕石或彗星一般的撞擊地球後，才替地球帶來了有機物。這是其中一派的說法。

生物零件「氨基酸」的扭曲形狀證明是在宇宙裡形成？

假如構成生物起源的有機物來自宇宙，追本溯源的話，我們就是誕生自宇宙。而最近一個觀測結果的發表，更支持了構成人類的有機物來自宇宙之說。

構成生命體的零件之一是氨基酸。氨基酸擁有立體的外觀，分為右旋和左旋兩種。右旋與左旋就像在照鏡子一樣，兩者可以完美疊合，不過用在生物零件上的只有左旋氨基酸。人工合成氨基酸的右旋與左旋數量幾乎相同，但為什麼生物只使用左旋氨基酸呢？這是很大的謎團，而科學家已經觀測到解開這個謎團的提示。

事實上，我們觀測到在獵戶座星雲形成恆星的區域，星光具有右旋的圓偏振性，稱為「右旋圓偏光」。在實驗室裡以不同偏振方向的圓偏光照射氨基酸時，會形成右旋和左旋的差異。若存在宇宙的圓偏振光具有特殊方向性，那麼地球上左右旋氨基酸的比例差異也就可以說明。

在宇宙發現特定方向圓偏光一事，雖然無法當作有機物來自宇宙的直接證據，卻是解開地球生物只有左旋氨基酸之謎的線索，這一點毋庸置疑。

▼哈伯望遠鏡所拍攝的獵戶座大星雲恆星誕生區。天文學家也就是在這一區觀測到圓偏光。

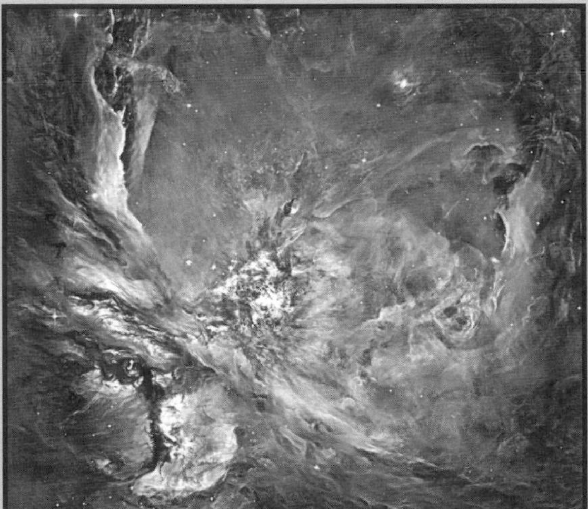

出處／ESA/EFI & HFI Consortia

後記 宇宙從哪裡來？要往哪裡去？

日本小學館編輯部

人類發揮想像力，解答宇宙的問題

一聽到「宇宙」兩字，多數人應該都是憧憬或嚮往。只要看看漫畫、小說、電影等就會發現許多與宇宙相關的作品。由此可知，人類對於宇宙充滿好奇，也強烈的想要了解宇宙。假如問你最想知道關於宇宙的什麼，就會出現：

「宇宙是什麼樣的世界？」

「宇宙是如何誕生的？」

「宇宙今後將會變成如何？」

「我也可以前往宇宙嗎？」

諸如此類形形色色的問題。針對這些問題，人類能夠採取各式各樣的形式找出答案。就像前面也曾提過，換個角度來說，漫畫、小說、電影等也是在回答這些問題。

作者們發揮想像力完成一部部作品，認為自己不曾去過的宇宙世界或許就是長這樣吧！但這些作品中所描述的宇宙，要說全是胡說八道也不盡然，因為作者為了添加作品的真實性，均是以創作當時已知的知識為基礎，再以想像力

補足未知的部分。

哆啦Ａ夢也是如此，以當時有限的知識描寫宇宙，再加上藤子・Ｆ・不二雄老師的想像力補充，才能夠創作出這部獲得眾人認同又簡單好懂的作品。假如藤子・Ｆ・不二雄老師現在要繪製新的哆啦Ａ夢故事，將會畫出什麼樣的作品呢？不難想像故事中一定少不了國際太空站和小行星探測器「隼鳥號」等豐富的內容吧！

我們已知的宇宙只占整體的大約百分之五

人類首次進入太空是距今約五十年前。在那之前，前往宇宙只是夢話。然而現在又是如何呢？全世界已經有超過五百人去過宇宙，而且當中有些人很可能在各位閱讀這篇文章的當下，仍派駐在太空裡。

這五十年來，宇宙與我們的距離變得更近。我們過去懷抱憧憬看著無法前往的未知宇宙空間，到了現在，已經變成滿懷期待自己也許某天有機會前往。目前能夠前往宇宙的仍必須是受過指定訓練的人員，不過相信在不久的將來，人人都能像出國旅行一樣輕鬆的暢遊宇宙。

問題是，我們對於這個宇宙仍有太多的未知。人類從遠

◀ISS 國際太空站裡的太空人們。採用跨越國籍互相合作的體制，也有越來越多人長期派駐其上。

出處／NASA

古時代便觀察著宇宙，一心想要知道這個宇宙將會變成什麼模樣，但越觀測就越會發現宇宙比人類想像的還要寬廣，而且宇宙每天仍在持續膨脹。宇宙的盡頭究竟在哪裡，沒有人知道。

再加上我們觀測的宇宙充滿了數不盡的星星和星系，但人類肉眼所能看見的宇宙僅占整體的不到百分之五，表示我們目前所知道的可能只占全宇宙的百分之五而已。

知道宇宙的起源，也就知道宇宙的未來

了解宇宙將會變成什麼模樣也與這個宇宙如何形成有關。星星和星系如何形成？為什麼宇宙中存在大尺度結構？若是不清楚這個宇宙形成的過程就無法回答這些問題。

為了解答宇宙的起源，人類開始研究暗物質的真面目，試圖找到線索。科學家認為暗物質是相當重的物質，若是沒有大霹靂那樣龐大的能量就無法產生。也就是說，暗物質是宇宙誕生時產生的物質，而且現在仍然存在這個宇宙的每個角落。

了解暗物質的真面目並觀測宇宙中的物體之後，人類應該就能夠更加了解宇宙誕生之謎，如此一來，也就更加接近「宇宙從哪裡來？」這個大謎團的答案了。

只要釐清宇宙的誕生，就能明白不明能量「暗能量」以及宇宙的未來。

前面也提過，宇宙目前仍在不斷膨脹，而且最近膨脹的速度加快了。宇宙誕生時曾經有段急速膨脹的時期，稱為「暴漲期」，現在的膨脹速度無法與當時相比。不過最近科學家觀測到膨脹的速度有提升之勢，因此也有科學家稱之為「第二暴漲期」。

關於宇宙的未來，人們想問：「宇宙會有毀滅的一天嗎？」提到宇宙的毀滅，有些意見認為宇宙會在某個時間點結束膨脹，開始收縮；也有些看法認為宇宙將繼續膨脹。事實上科學家認為促使宇宙膨脹的原動力就是「暗能量」。

只要能夠明白宇宙從哪裡來，就能知道宇宙將往哪裡去。為了解開這個最大謎團，人類開始朝抓住暗物質、觀測外太空各個角度進行研究。

本書擷取的內容只是宇宙的一小部分。衷心期盼各位能夠因為閱讀本書，進而對宇宙開始產生興趣。

我忘記宇宙中沒有空氣了！

哆啦A夢科學任意門 2

穿越宇宙時光機

●漫畫／藤子・F・不二雄
●原書名／ドラえもん科学ワールド—— 宇宙の不思議
●日文版審訂／ Fujiko Pro、日本科學未來館、大西將德
●日文版版面設計／ Studio WOW!
●日文版封面設計／有泉勝一（Timemachine）
●日文版協力編輯／ JAXA
●日文版編輯／ Fujiko Pro、日本科學未來館、大西將德

●翻譯／黃薇嬪
●台灣版審訂／徐毅宏

發行人／王榮文
出版發行／遠流出版事業股份有限公司
地址：104005 台北市中山北路一段 11 號 13 樓
電話：(02)2571-0297 傳真：(02)2571-0197 郵撥：0189456-1
著作權顧問／蕭雄淋律師

2015 年 10 月 1 日 初版一刷 2024 年 6 月 25 日 二版二刷
定價／新台幣 350 元（缺頁或破損的書，請寄回更換）

ISBN 978-626-361-283-9
遠流博識網 http://www.ylib.com E-mail:ylib@ylib.com

◎日本小學館正式授權台灣中文版
●發行所／台灣小學館股份有限公司
●總經理／齋藤滿
●產品經理／黃馨瑝
●責任編輯／小倉宏一、李宗幸
●美術編輯／李怡珊

國家圖書館出版品預行編目 (CIP) 資料

穿越宇宙時光機 / 藤子・F・不二雄漫畫；日本小學館編輯撰文；
黃薇嬪翻譯 . -- 二版 . -- 台北市：遠流出版事業有限公司，
2023.12
面； 公分 . --（哆啦A夢科學任意門；2）

譯自：ドラえもん探究ワールド：宇宙の不思議
ISBN 978-626-361-283-9（平裝）

1.CST: 宇宙 2.CST: 漫畫

323.9 112016048

※ 本書為 2010 年日本小學館出版的《宇宙の不思議》台灣中文版，在台灣經重新審閱、編輯後發行，因此少部分內容與日文版不同，特此聲明。

出處／NASA

▶哈伯太空望遠鏡捕捉到的火星畫面。

出處／NASA

▲ 火星探測器精神號拍攝到的火星地表。這裡是一片無邊無際的荒涼大地。

出處／NASA

行星的姿態

太陽系裡的另外七顆行星可說是地球的兄弟。為了要了解這些行星，人類發射探測器前往調查，同時觀察太陽系之外的行星是如何形成，試圖解開地球誕生的祕密。

▶ 火星探測器鳳凰號捕捉到火星地表的冰。

恆星誕生於由氣體與塵埃所構成的星雲之中。在星雲這個搖籃裡與夥伴們一同長大的恆星閃耀著光輝。長大後的恆星會在發生超新星爆炸後死去，然後爆炸產生的氣體和塵埃繼續誕生出新的星球。

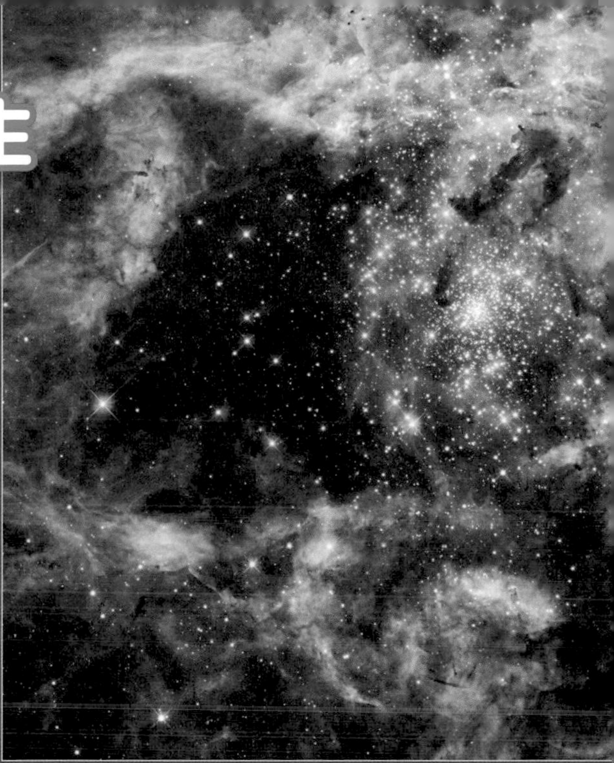

▶ 這是蜘蛛星雲（劍魚座 30 星雲）內的 R136 星團，許多閃耀藍光的年輕恆星集結於此。恆星就是在這樣的地方誕生的。

出處／ NASA

▶ 在位於麒麟座的方向，可看見紅色超巨星麒麟座 V838 及其四周形成的塵埃層。紅色超巨星是指進入高齡期的恆星。

出處／ NASA

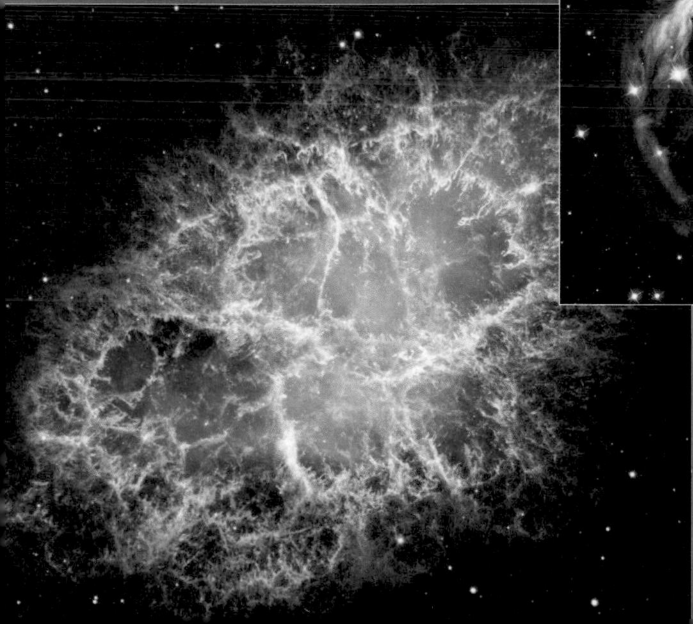

◀ 金牛座的蟹狀星雲。這個星雲是由死亡的星星，也就是超新星爆炸的殘骸所構成。

出處／ NASA

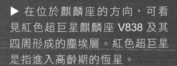